Rolf Witting

Beobachtungen im Ladoga-See in den Jahren 1898-1903

Rolf Witting

Beobachtungen im Ladoga-See in den Jahren 1898-1903

ISBN/EAN: 9783954272938
Erscheinungsjahr: 2013
Erscheinungsort: Bremen, Deutschland
© maritimepress in Europäischer Hochschulverlag GmbH & Co. KG, Fahrenheitstr. 1, 28359 Bremen. Alle Rechte beim Verlag und bei den jeweiligen Lizenzgebern.
www.maritimepress.de | office@maritimepress.de

Bei diesem Titel handelt es sich um den Nachdruck eines historischen, lange vergriffenen Buches. Da elektronische Druckvorlagen für diese Titel nicht existieren, musste auf alte Vorlagen zurückgegriffen werden. Hieraus zwangsläufig resultierende Qualitätsverluste bitten wir zu entschuldigen.

MERENTUTKIMUSLAITOKSEN JULKAISU N:o 60
HAVSFORSKNINGSINSTITUTETS SKRIFT

BEOBACHTUNGEN IM LADOGA-SEE IN DEN JAHREN 1898—1903

HERAUSGEGEBEN
VON
ROLF WITTING

HELSINKI 1929 HELSINGFORS
VALTIONEUVOSTON KIRJAPAINO — STATSRÅDETS TRYCKERI

Inhalt

		Seite
1.	Die Fahrten	3
2.	Die Temperaturbeobachtungen	6
3.	Das Wasser des Ladoga-Sees	6
4.	Der Gehalt an atmosphärischen Sauerstoff und Stickstoff sowie Kohlensäure	7
5.	Die beobachteten Temperaturen	9
6.	Bemerkungen (Eis, Sichttiefe)	34

1. Die Fahrten. Zur selben Zeit als die systematische Erforschung des Baltischen Meeres durch Terminfahrten bei uns begann, wurden auch in einigen der grösseren Seen Finlands, im Ladoga-See, im Enare, Päijänne und Lojo-See erst versuchsweise und später allmählich nach bestimmten Plänen Beobachtungen angestellt. Diese Beobachtungen wurden unter den Auspizien der Finnischen Sozietät der Wissenschaften von Professor THEODOR HOMÉN angeordnet und geleitet. Nach dem Tode HOMÉNS wurde das Material dem Institut für Meeresforschung übergeben und gelangt hier das Material für den Ladoga-See zur Veröffentlichung.

Auf sogenannten Terminfahrten wurden an einigen Stationen, welche in Schnitten ausgelegt werden können, Beobachtungen über die Temperaturverhältnisse ausgeführt, sowie vereinzelte Wasserproben für Chloranalysen und Bestimmung von gelöstem Sauerstoff, atmosphärischem Stickstoff und Kohlensäure genommen.

Die Fahrten wurden zu folgenden Zeiten vorgenommen:

1898	Aug. 29.—30.	Beobachter	A. Heinrichs
	Sept. 19.—22.	»	A. Heinrichs
	Nov. 23.—25.	»	A. Heinrichs
1899	Mai 24.—26.	»	Th. Homén, A. Heinrichs
	Juli 19.—25.	»	G. Bengelsdorff
	Aug. 25.—31.	»	A. Luther
	Okt. 5.—9.	»	Th. Homén, T. H. Järvi
	Nov. 3.—14.	»	B. Lindberg
1900	April 24.—25.	»	Th. Homén
	Juni 5.—9.	»	B. Lindberg
	Juli 29.—Aug. 4.	»	Th. Homén
	Sept. 11.—21.	»	B. Lindberg
	Okt. 17.—22.	»	K. K. Sjölund
1901	Juni 3.—8.	»	K. K. Sjölund
	Juli 1.—7.	»	K. K. Sjölund
	Aug. 15.—20.	»	K. K. Sjölund
	Sept. 13.—23.	»	K. K. Sjölund
	Okt. 24.—31.	»	K. K. Sjölund
1902	Juni 2.—9.	»	K. K. Sjölund
	Juni 25.—30.	»	K. K. Sjölund
1903	Okt. 10.—11.	»	R. Witting

Die Fahrten in den Jahren 1898—1902 wurden mit dem Zollkreuzer, »Vesta» unternommen, welcher indessen 1902 vom Ladoga abkommendiert wurde, die Fahrt im April 1900 aber mit Schlitten auf dem Eise. Die Fahrt im Jahre 1903 fand mit dem Untersuchungsdampfer »Nautilus» statt, der dieses Jahr einige Zeit im Ladoga-See wellte.

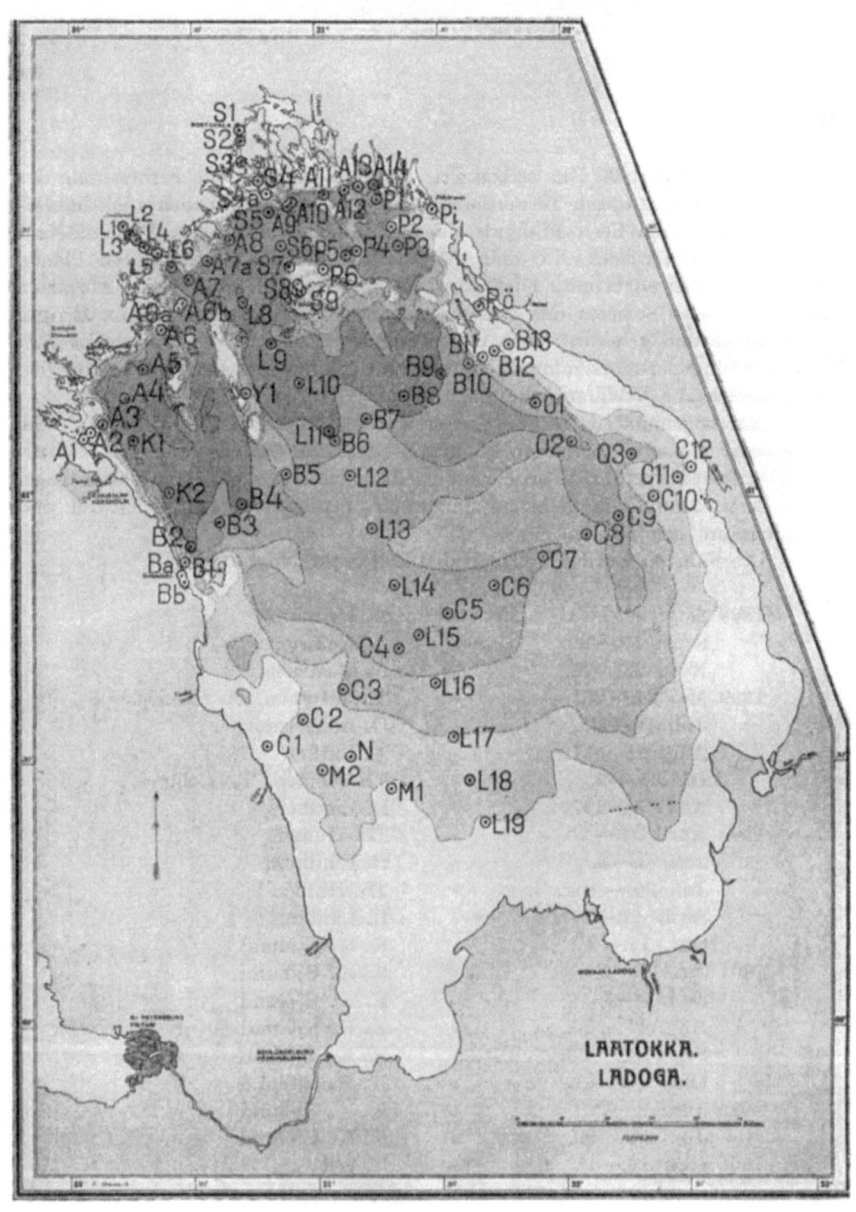

Die Lage der Stationen.

1. DIE FAHRTEN.

Die Lage der Stationen geht aus der Tabelle 1 hervor. Das Kärtchen lässt sie überblicken. Die ersten Fahrten sind eher als Probefahrten zu betrachten. Leider sind die Ortsangaben für die Fahrten im September 1898 und im Mai 1899 sehr mangelhaft, so dass die Lage für mehrere Stationen nur ungefähr angegeben werden kann; von einigen Y3, Y4, Y5 und Y6 im Mai 1898 kann nur gesagt werden, dass sie in einer Sektion vom nordöstlichen Ladoga nach SW oder W liegen, Y6 irgendwo zwischen Pitkäranta und dem Feuerturm Heinäluoto liegen, Y5, Y4, und Y3 vielleicht auf dem Wege vom Feuerturm Heinäluoto nach ca L10.

Wie aus dem Kärtchen ersichtlich ist, ordnen sich die meisten Stationen auf einen Schnitt von Sortavala nach Walamo, mit S bezeichnet, auf einem grossen Längsschnitt, L, auf drei grosse Querschnitte, A, B und C, und auf kleinere Schnitte zwischen diesen, K, P, O und M (N). Zwischen den Stationen sind zuweilen Oberflächenproben genommen worden, welche gewöhnlich halbwegs zwischen diesen fallen, solche Proben sind mit den Nummern der benachbarten Stationen bezeichnet: z. B. L10—11.

Tabelle 1. Lage der Stationen.

Station	N. Lat.	E. Long.	Station	N. Lat.	E. Long.
S0	61°42′	30°42′	L11	61° 7.5′	31°4′
S1	41.5′	42′	L12	3′	9′
S2	40.0′	42′	L13	60°57′	15′
S3	38.0′	42′	L14	50′	19′
S4	36.0′	46′	L15	44.5′	24′
S4a	34.3′	47′	L16	39′	28′
S5=A9a	32.5′	49′	L17	33′	33′
S6	28.5′	52′	L18	28′	37′
S7	26.5′	53′	L19	23′	41′
S8	24.5′	55′			
S9	24.0′	56′	A1	61° 6.6′	30°3′
S10	23.2′	57′	A2	7.3′	5′
			A2a	8.0′	5′
Pi	61°32′	31°28′	A3	8.5′	8′
P1	34′	15′	A4	11.0′	13′
P2	31′	19′	A5	14.5′	18′
P3	28.5′	21′	A6	19.5′	23′
P4	28′	11′	A6a	21.7′	26′
P5	27.5′	8′	A6b	22.4′	27′
P6	26′	2′	A7	24.5′	30′
Pö	22′	40′	A7a	26.7′	34′
			A7b	27.5′	36′
La	61°31.3′	30°13′	A7c	28.0′	37′
L1	30.6′	13′	A8	29.0′	40′
L2	30.0′	15′	A8a	31′	45′
L3	29.6′	16′	A9a=S5	32.5′	49′
L4	28.9′	18′	A9	33.4′	53′
L4a	28.5′	19′	A10	33.7′	55′
L5	28.1′	21′	A11	34.5′	31°2′
L5a	27.7′	22′	A12	35.0′	7′
L6	26.2′	25′	A13	35.3′	11′
L7	24.5′	30′	A14	35.5′	15′
L8	22′	43′			
L9	17.5′	50′	Kä	61°21′	30°18′
L10	13′	56′	H	22′	24′

2. DIE TEMPERATURBEOBACHTUNGEN.

Station	N. Lat.	E. Long.	Station	N. Lat.	E. Long.
HA	ca 61°22′	ca 30°35′	e	60°56′	30°40′
HL	ca 25′	ca 48′	f	54′	35′
HP	ca 30′	ca 31°4′	g	52.5′	32′
HB	ca 60°57′	ca 30°28′	h	51.3′	30′
Y1	ca 61°12′	ca 45′			
K1	6′	15′	**O**	61° 7.5′	32°6′
K2	0′	25′	O1	11′	31°54′
			O2	6.5′	32°3′
Bb	60°50.5′	30°28′	O3	4′	18′
Ba	51′	27′			
B1	52.5′	29′	**C1**	60°31.5′	30°47′
B2	54.5′	30′	C2	35′	56′
B2a	55.5′	33′	C3	38′	31°6′
B3	57′	37′	C4	43′	19′
B4	59′	43′	C5	47′	31′
B4a	61°1′	48′	C6	50′	44′
B5	2.5′	53′	C6a	45′	43′
B5a	4.5′	31°0′	C6b	40′	42′
B6	6.5′	5′	C6c	34′	41′
B7	9′	13′	C6d	30′	39′
B8	12′	23′	C7	53′	56′
B9	14′	31′	C8	56′	32°6′
B10	15′	38′	C9	58′	15′
B11	16′	42′	C10	0.5′	23′
B12	16.5′	45′	C11	2.5′	30′
B13	17.5′	48′	C12	4.0′	33′
a	61°1′	31°4′	**Ma**	60°27′	31°8′
b	60°59.5′	30°57′	M1	27′	18′
c	58.5′	52′	M2	29′	1′
d	57′	47′	**N**	30.5′	8′

2. Die Temperaturbeobachtungen. Alle Beobachtungen bis inclusive 1902 wurden mit Pettersons Wasserschöpfer mit Propeller gemacht, im 1903 mit einem ähnlichen, mit Fallgewicht versehenen Wasserschöpfer; die Temperatur wurde im Wasserschöpfer bestimmt. Die Oberflächenproben wurden auch zuweilen mit Eimer geschöpft. Anfangs kamen Thermometer »Alluard», N:o 907, 943 und 945 zum Gebrauch, später »Geisler» N:o 1003, 1004, 1007, 1008, 1009, 1011 und 1016. Die Thermometer »Alluard» waren Stabthermometer in $1/5$ Grad eingeteilt, die »Geissler»-Thermometer hatten eine Porzellanskala mit Einteilung in $1/20$ Grad. Die Temperatur ist in Celsiusskala gegeben, wurde in Hundertel Grad abgelesen, und sind die Angaben auf Gasthermometer korrigiert.

Die Beobachtungen gehen zuletzt in dem Hefte ein. In diesen Tabellen werden unter m und t die Beobachtungstiefen in Meter und die erhaltenen Temperaturen gegeben. Die Ortsangaben sind halbfett gedruckt, wobei die eben angeführten Stationsnummern benutzt werden. Gleich unter den Stationsnummern wird Monat, Tag und Uhrzeit der Beobachtungsreihe angeführt.

3. Das Wasser des Ladoga-Sees ist als reines Süsswasser zu bezeichnen. Den 1. August 1913 im See ausserhalb Keksholm und Impilahti genommene Wasserproben ergeben (Analysen von KURT BUCH) einen Schlammgehalt von 2.4, bezw. 1.9 mg pro l, wovon organisch 1.7, bezw. 1.3 mg und unorganisch

0.7 bezw. 0.6 mg pro l; weiter einen Gehalt von gelösten Stoffen von 70.8 bezw. 53.6 mg pro l, davon 36.6 und 28.3 mg organischen Ursprungs und 34.2 bezw. 25.3 mg pro l unorganischen Ursprungs. In den Proben von Impilahti fand sich Cl 3.4 mg pro l, SO_3 7.77 mg pro l und CaO 9.13 mg pro l.[1]
Wie erwähnt wurden bei den ersten Fahrten einige Wasserproben für Chlortitrierung genommen. Die Analysen wurden von Mag. A. H. PETRA ausgeführt, leider sind nur Bürettenablesungen angegeben. Es ist nicht unwahrscheinlich, dass die Titrierungen mit $^1/_{100}$ n $AgNO_3$-Lösung in einer Wasserprobe von 100 ccm ausgeführt wurden. Wenn noch von den Bürettenablesungen 0.3 ccm abgezogen wird, dem scheinbaren Chlorgehalt gleichartig behandelten destillierten Wassers entsprechend, erhalten wir die in der Tabelle 2 eingehenden Werte, welche zwischen 2.9 und 5.3 mg pro l schwanken. In der Tabelle gehen in den Kolonnen unter m und Cl die zugehörigen Tiefenzahlen in Meter und Analysenresultaten in mg pro l ein; die Ortsangaben sind in halbfett gegeben; unter ihnen stehen Angaben über Monat, Tag und Uhrzeit.

Tabelle 2. Chlorgehalt berechnet nach den oben angegebenen Annahmen, 1898.

m	Cl	m	Cl	m	Cl	m	Cl	m	Cl	m	Cl
S4 VIII. 29. 14		**S5?** IX. 22. 17		**P3** IX. 20. 13		**L6?** IX. 22. 13		**L9** IX. 22. 7		**A8?** IX. 22. 15	
1	4.1	0	4.0	100	4.6	69	5.1	20	4.3	120	4.6
60	4.8	95	5.3	131	4.6	**L7** IX. 22. 12		80	4.3	140	5.1
S6 VIII. 29. 17		**S8** IX. 19. 15		**NE von P4** IX. 20. 11		0	5.0	140	4.4	**Y5** IX. 21. 10	
75	4.3	30	3.7	0	4.4	80	5.0	**ca L10** IX. 21. 16		0	5.0
				65	4.4	**L8** IX. 22. 9				93.5	4.4
ca A6 VIII. 30. 11		**S8** IX. 19. 16		**W von P5** IX. 20. 10		5	3.9	40	4.4	**Y6** IX. 21. 8	
78	5.0	0	3.2	0	3.0	40	4.3	80	4.8	5	4.6
		40	3.7	58	2.9	100	4.3	120	4.6	90	4.4

4. Der Gehalt an atmosphärischem Sauerstoff und Stickstoff sowie Kohlensäure. Die für Gasanalysen bestimmten Wasserproben wurden in evakuierten Glasröhren genommen, welche gleich nach der Probenentnahme zugelötet wurden. Die Analysen wurden erst 1903 von Mag. SIGURD STENIUS ausgeführt, wobei die von ihm etwas abgeänderten Gasanalysenapparate nach OTTO PETTERSSON zur Anwendung kamen. Der Gehalt an Sauerstoff, O_2, Stickstoff, N_2, und Kohlensäure, CO_2, wird in ccm bei 0°,760 mm Quecksilberdruck und Trockenheit pro 1 000 ccm Wasser gegeben, Tabelle 3. Weiter sind nach den berichtigten Tabellen in CHAS. J. J. FOX: On the coefficients etc. Publications de Circonstance N:o 41, Kopenhagen 1907 hergeleitet: N_t; Gehalt an N_2 bei Sättigung gemäss der Temperatur in situ, und O_N, der Gehalt an O_2, welcher bei Sättigung vorhanden wäre, wenn der bei der Analyse gefundene N_2-Gehalt den Sättigungszustand angibt. Man ersieht aus der Tabelle deutlich, dass alle die unvergifteten Proben in der langen Zeit zwischen Schöpfung und Analyse an Sauerstoff reichlich verloren haben, überhaupt sind diese Zahlen mit grösster Vorsicht zu verwenden.

---

[1] Fennia 35 N:o 6, p. 37. Helsingfors 1914.

4. DIE GASANALYSEN.

Tabelle 3. *Gasanalysen.*

Zeit	Ort	Tiefe m	t^0	N_2	Nt	O_2	O_N	CO_2	Bemerk.
1898 VIII. 29	S4	65	4.28	18.63	16.91	6.77	10.28	—	Unvergiftet.
VIII. 30	ca A6	78	4.18	18.49	16 95	6.01	10.18	—	»
IX. 19	S6	100	3.91	19.20	17.05	6.63	10.64	—	»
IX. 20	NE von P4	5	8.15	16.31	15.58	5.55	8.75	10.50	»
»	»	65	4.77	18.28	16.73	6.88	10.05	9.74	»
IX. 22	L8	5	9.88	15.78	15.06	5.43	8.48	—	»
»	»	50	5.77	18.00	16.38	6.62	9.87	—	»
»	»	120	4.34	18.33	16.89	6.65	10.08	12.33	»
1899 V. 22	L8	0	1.18	18.61	18.13	8.70	10.26	10.90	Etwas Sublimat.
»	»	50	1.13	18.62	18.16	9.19	10.27	11.60	»
»	»	100	1.15	—	—	—	10.72		»
»	»	150	2.19	18.16	17.72	7.97	9.97	10.70	»
»	»	150	2.20	18.16	17.72	7.95	9.97	10.94	»
»	»	216	2.45	18.63	17.62	8.13	10.28	11.42	»
VII. 20	L8	0	3.91	19.08	17.05	8.55	10.57	11.67	Reichlich Sublimat.
»	»	50	3.80	18.80	17.10	8.23	10.39	12.63	»
»	»	100	3.79	17.94	17.10	7.84	9.83	11.18	»
»	»	150	3.78	18.62	17.10	8.23	10.27	12.09	»
»	»	206	3.79	18.31	17.10	8.76	10.07	11.69	»
VII. 24	A10	15	5.56	18.08	16.45	7.81	9.92	—	»
»	»	75	3.98	18.52	17.03	8.31	10.20	11.30	»
»	»	175	3.88	18.92	17.07	8.42	10.45	—	»
X. 5	L8	0	7.58	16.83	15.77	6.87	9.14	12.31	»
»	»	50	5.44	17.90	16.50	7.26	9.80	13.83	»
»	»	100	4.70	18.33	16.75	7.62	10.08	—	»
»	»	150	4.29	18.11	16.91	7.15	9.94	13.76	»
»	»	200	4.08	18.54	16.99	7.43	10.22	13.10	»
1900 IX. 11	L8	0	9.05	—	—	—	—	11.29	»
»	»	50	4.49	17.88	16.84	8.60	9.79	11.05	»
»	»	100	4.25	—	—	—	—	11.07	»
»	»	200	3.97	18.10	17.03	8.77	9.93	10.67	»

5. Die beobachteten Temperaturen.

m	t°	m	t°	m	t°	m	t°	m	t°	m	t°	m	t°	m	t°
1898		**ca S3**		**S6**		10	8.51	20	7.57	5	9.27	5	10.00		
S4		IX. 19. 10		IX. 19. 15		20	8.48	30	6.68	10	9.27	10	9.69		
VIII. 29. 14		0	7.4	0	8.45	30	8.17	40	6.45	20	9.03	20	9.48		
0	8.97			5	8.43	40	8.00	50	6.28	30	8.32	30	8.61		
1	8.59	**ca S3**		10	8.19	50	7.49	60	5.91	40	8.04	40	6.65		
3	8.18	IX. 22. 18		15	7.58	60	6.51	69	5.77	50	7.52	50	5.27		
5	7.11	0	7.61	20	7.05	70	5.92			60	5.95	70	5.06		
8	5.27			25	7.02	80	5.74	**L6—7**		80	5.10				
10	4.86	**S4**		30	6.86	90	5.67	IX. 22. 13		100	4.51	**Y1—2**			
20	4.52	IX. 19. 11		32	6.06	100	5.47	0	10.05	120	4.31	IX. 21. 17			
30	4.48	0	7.05	35	5.31	110	5.32			140	4.18	0	9.7		
40	4.50	1	7.05	40	5.03	120	5.00	**L7**		155	4.07				
50	4.28	3	6.98	50	4.50	131	4.61	IX. 22. 12				**Y2—3**			
60	4.28	5	6.89	60	4.34			0	8.78	**ca L10**		IX. 21. 16			
75	4.26	8	6.68	70	4.18	**P3—4**		5	8.69	IX. 21. 16		0	8.6		
		10	6.56	80	4.09	IX. 20. 12		10	8.13	0	9.84				
S4		15	6.20	100	3.91	0	9.1	15	7.10	5	9.72	**Y3**			
VIII. 30. —		20	6.01	100	3.89			20	6.15	10	9.60	IX. 21. 14			
0	12.23	30	5.67	110	3.89	**NE von P4**		30	5.65	20	9.22	0	8.32		
5	11.93	50	5.47			IX. 20. 11		40	5.25	30	7.91	5	8.17		
8	10.98	70	5.35	**S6—8**		0	8.45	50	4.88	40	6.21	10	7.91		
		90	5.07	IX. 19. 15		5	8.15	60	4.74	50	5.22	20	7.17		
S6				0	9.47	10	8.05	80	4.36	60	4.84	30	5.86		
VIII. 29. 17		**S4—5**				20	7.69	100	4.10	80	4.43	35	4.68		
0	15.29	IX. 19. 12		**S8**		25	6.86	120	4.07	100	4.09	40	4.16		
75	4.13	0	7.80	IX. 19. 16		30	6.36	140	3.98	120	4.00	50	4.14		
100	4.58			0	9.35	40	5.77	160	3.89	135	3.95	60	4.12		
112	4.58	**S 5**		5	9.31	50	5.07					80	3.97		
		IX. 19. 13		10	9.28	60	4.78	**L7—8**		**L6—A8**		100	3.94		
S10		0	7.92	20	8.47	65	4.77	IX. 22. 11		IX. 22. 15		118	3.94		
VIII. 30. 5		3	7.86	25	7.27	65	4.78	0	9.4	0	9.28				
0	15.73	5	7.80	30	6.54	71	4.76					**Y3—4**			
2	15.7	10	7.58	40	6.11			**L8**		**A8?**		IX. 21. 14			
4.5	15.3	20	7.15			**P4—5**		IX. 22. 9		IX. 22. 15		0	8.9		
		30	6.74	**S9**		IX. 20. 10		0	9.90	0	9.84				
ca A6		40	6.44	IX. 20. 8		0	8.52	5	9.88	5	9.69	**Y4**			
VIII. 30. 11		50	6.18	0	9.2			10	9.85	8	9.41	IX. 21. 12			
0	14.15	60	5.45			**W von P5**		20	9.50	10	8.40	0	8.55		
5	13.76	70	5.07	**S10**		IX. 20. 10		25	8.50	20	7.31	5	8.45		
8	11.79	80	4.63	IX. 20. 8		0	8.99	30	7.41	30	6.64	10	8.40		
9	5.57	93	4.32	0	10.2	5	8.38	40	6.26	40	5.41	20	8.27		
10	5.24					10	7.60	50	5.77	50	4.73	30	7.58		
15	4.58	**S5?**		**P1**		20	7.25	60	5.42	60	4.83	35	6.03		
20	4.48	IX. 22. 17		IX. 20. 14		30	6.43	80	4.92	80	4.46	40	5.08		
28	4.24	0	8.05	0	8.45	35	5.98	100	4.68	100	4.35	50	4.46		
30	4.16	5	7.75	5	8.15	40	5.17	120	4.34	120	4.16	60	4.17		
40	4.04	10	7.63	10	8.05	50	4.96	140	4.21	140	4.07	70	3.94		
52	3.98	15	7.52	20	7.21	58	4.81	160	4.11			80	3.94		
60	4.33	20	7.35	30	7.05			180	4.02	**S5—A8**		90	3.94		
78	4.18	30	6.70	37	6.16	**S9—P5**		195	4.08	IX. 22. 16		100	3.94		
78	4.18	40	5.91			IX. 20. 9		200	4.05	0	9.25	110	3.94		
		50	5.37	**P1—P3**		0	9.2								
ca S1		60	4.88	IX. 20. 14				**L8—9**		**L9—S1**		**Y4—5**			
IX. 19. 9		80	4.61	0	9.1	**L6?**		IX. 22. 8		IX. 22. 6		IX. 21. 12			
0	11.2	95	4.09			IX. 22. 13		0	9.62	0	9.0	0	8.7		
				P3		0	9.63								
ca S1		**S5—6**		IX. 20. 13		5	9.60	**L9**		**Y1**		**Y5**			
IX. 22. 19		IX. 19. 14		0	8.85	10	9.05	IX. 22. 7		IX. 21. 17		IX. 21. 10			
0	6.26	0	8.09	5	8.55	15	8.06	0	9.27	0	10.01	0	9.07		

5. DIE BEOBACHTETEN TEMPERATUREN. 1898 UND 1899.

m	t°	m	t°	m	t°	m	t°	m	t°	m	t°	m	t°
5	8.78	0	4.64	**S2**		**ca S9**		90	1.23	**N von A5**		**K2**	
10	8.68	5	4.67	V. 24. 6		V. 25. 21		100	1.38	V. 25. 15		V. 25. 9	
20	8.29	10	4.67	0	3.79	0	1.33	125	1.67	0	1.38	0	1.46
30	7.85	20	4.67			11	1.41	150	2.17	25	1.39	25	1.45
33	7.69	30	4.67	**S2**		13	1.42	175	2.36	50	1.40	50	1.46
37	6.86	40	4.67	V. 26. 15				200	2.50	75	1.39	75	1.45
38	6.28	60	4.67	0	5.35	**P3**		225	2.60	90	1.57	100	1.51
40	5.72	80	4.67	3	4.93	V. 26. 9				100	2.21	125	2.45
40	4.58			4	4.58	0	1.36	**L9**		125	2.80	146	2.70
50	4.04	**S4**				25	1.35	V. 24. 14		135	2.92		
55	4.09	XI. 24. 15		**S3**		50	1.34	0	0.94			**HB**	
60	3.95	0	4.43	V. 26. 15		75	1.38	25	0.92	**A6**		V. 25. 8	
70	3.95	80	4.49	0	1.82	100	1.41	50	0.93	V. 25. 16		0	1.33
80	3.89			15	1.81	125	1.44	75	1.25	0	1.46	25	1.31
93.5	3.89	**S5**		25	1.91	136	1.61	100	1.72	25	1.48	50	1.31
		XI. 23. 10		38	2.60			125	2.08			75	1.56
Y5—6		0	4.70			**NE von P4**		161	2.44	**HA**		103	1.88
IX. 21. 10		10	4.70	**S4?**		V. 26. 10				V. 25. 17			
0	10.4	30	4.73	V. 24. 6		0	1.42	**ca L10**		0	1.33	**Bb**	
		50	4.73	0	1.25	25	1.31	V. 24. 16		25	1.32	V. 25. 7	
Y5—6		70	4.73			50	1.27	0	0.73	50	1.32	0	2.30
IX. 21. 9		100	4.63	**S4**		61	1.29	25	0.72	75	1.39	10	2.30
0	8.6	130	4.63	V. 26. 14				50	0.73	90	1.62		
				0	1.71	**HP**		75	1.32	100	1.84	**B2**	
Y5—6		**S6**		25	1.63	V. 26. 11		100	1.93	125	1.98	V. 24. 22	
IX. 21. 8		XI. 23. 11		50	1.67	0	1.33	123	2.45	150	2.22	0	1.42
0	9.1	0	4.74	60	1.76	25	1.30			167	2.35	25	1.72
		10	4.79	75	1.89	50	1.32	**L11**				61	1.91
Y6		30	4.83	85	1.90	75	1.57	V. 24. 17		**A8**			
IX. 21. 8		50	4.83			94	1.93	0	0.64	V. 24. 9			
0	8.60	70	4.83	**S5?**				25	0.62	0	1.16	**B3**	
5	8.59	110	4.83	V. 24. 7		**A7**		50	0.63	25	1.13	V. 24. 21	
10	8.45			0	1.13	V. 24. 10		75	0.85	50	1.13	0	0.90
20	8.45	**S8?**		10	1.10	0	1.23	103	2.06	75	1.18	25	0.90
30	8.13	XI. 23. 12		20	1.13	25	1.18			100	1.98	60	0.91
40	7.72	0	4.93	50	1.12	50	1.17	**A4**		133	2.38		
50	7.07	10	4.93	75	1.25	75	1.18	V. 25. 13		138	2.35	**B4**	
60	6.41	20	4.93	100	1.52	100	1.87	0	1.35			V. 24. 20	
70	6.22	40	4.95	125	2.20	125	2.11	25	1.31	**A10**		0	0.74
80	5.91			146	2.32	150	2.29	50	1.31	V. 26. 13		25	0.74
90	5.41	**S10**				188	2.48	75	1.31	0	1.33	50	0.74
		XI. 24. 12		**S6**				85	1.32	25	1.31	65	0.74
Pi—Y6		0	1.69	V. 25. 20		**L8?**		90	1.76	50	1.31		
IX. 21. 7		1	1.69	0	1.25	V. 24. 12		95	1.89	75	1.34	**B5**	
0	8.0	2	1.69	25	1.27	0	1.18	100	2.15	100	1.74	V. 24. 18	
		3.5	1.69	50	1.30	50	1.13	125	2.61	125	1.90	0	0.66
Pi—Y6				75	1.33	100	1.15	150	2.86	150	2.09	25	0.68
IX. 21. 7		**1899**		90	1.71	125	1.97	175	3.05	180	2.20	50	0.69
0	8.6	**S0**		100	2.09	150	2.19	200	3.20			75	0.70
		V. 24. 5		110	2.32	150	2.20	213	3.22	**K1**		85	0.99
S0		0	3.97			175	2.38			V. 25. 11			
XI. 24. 20				**HL**		216	2.45	**N von A4**		0	1.46		
0	1.43	**S1**		V. 25. 20		**L8**		V. 25. 14		25	1.43	**S1**	
1	1.82	V. 26. 16		0	1.20	V. 25. 18		0	1.38	50	1.45	VII. 19. 17	
4.5	1.87	0	5.27	50	1.20	0	1.24	25	1.33	75	1.56	0	22.93
		8	5.06	100	1.75	25	1.23	50	1.32	100	2.01	5	12.17
S4		15	5.08	166	2.62	50	1.23	75	1.42	125	2.57	10	9.92
XI. 23. 8		21	4.68			75	1.23	100	2.10	150	2.76	18	9.35
								126	2.58	181	2.91		

5. DIE BEOBACHTETEN TEMPERATUREN. 1899.

m	t°	m	t°	m	t°	m	t°	m	t°	m	t°	m	t°
S2		0	10.11	**S8**		**L5a**		**L9**		50	4.05	175	3.81
VII. 19. 17		2.5	8.46	VII. 25. 16		VII. 25. 19		VII. 20. 9		70	4.00	210	3.79
4	12.26	5	5.39	0	7.08	0	11.13	0	3.97				
		8	5.25	5	6.14	5	6.40	5	3.83	**L16**		**A5**	
S3				10	5.57	10	5.30	10	3.84	VII. 20. 18		VII. 24. 9	
VII. 19. 18		**P1**		20	4.86	20	4.59	25	3.84	0	20.28	0	5.09
0	21.60	VII. 25. 9		37	4.57	45	4.20	50	3.79	2.5	18.18	5	4.76
2.5	17.80	0	17.45					133	3.79	5	7.94	10	4.38
4	8.67	10	15.21	**La**		**L6**				10	5.68	20	4.20
5	7.81	20	12.11	VII. 25. 21		VII. 25. 19		**L10**		25	4.38	30	4.13
10	6.06	30	6.76	0	17.66	0	8.94	VII. 20. 10		47	3.99	50	4.07
15	5.35	40	5.17	2.5	15.28	5	7.36	0	4.05			75	4.00
30	4.28	50	4.70	3.5	8.44	7.5	5.14	5	3.94	**L17**		100	3.98
38	4.16	75	4.38	5	6.06	10	4.95	10	3.93	VII. 20. 19		125	3.96
		100	4.23	9	4.88	20	4.60	20	3.91	0	20.11	162	3.80
S4		115	4.17			30	4.37	30	3.90	5	11.14		
VII. 19. 19		131	4.15	**L1**		50	4.07	50	3.89	10	8.15	**A6**	
0	17.56			VII. 25. 21		75	3.98	75	3.88	20	5.06	VII. 24. 10	
2.5	11.33	**P3**		0	17.04	100	3.96	100	3.88	41	4.16	0	6.76
5	8.58	VII. 25. 10		2.5	11.27	168	3.88	125	3.82			5	6.34
10	6.36	0	14.19	5	6.06			154	3.80	**A1**		10	4.88
25	4.65	5	13.03	10	4.84	**L7**				VII. 24. 5		20	4.54
50	4.17	10	8.44	20	4.38	VII. 25. 18		**L11**		0	9.34	30	4.26
77	3.88	15	5.29			0	8.46	VII. 20. 11		2.5	8.83	50	4.05
		20	4.16	**L2**		5	8.15	0	6.65	5	5.37	107	3.98
S5		30	4.00	VII. 25. 20		7.5	6.21	5	3.92	10	4.72		
VII. 19. 19		50	3.98	0	15.87	10	5.49	10	3.92	16	4.46	**A6a**	
0	14.70	75	3.98	2.5	10.33	20	4.38	20	3.89			VII. 24. 11	
0.5	14.10	100	3.98	5	5.95	30	4.17	50	3.88	**A2**		0	8.42
2.5	11.14	139	3.87	10	4.64	50	4.05	107	3.80	VII. 24. 6		10	6.28
5	7.62			22	4.35	100	3.93			0	9.90	20	3.99
10	4.00	**P4**				183	3.80	**L13**		5	7.94	50	3.97
15	3.98	VII. 25. 11		**L3**				VII. 20. 14		10	5.56	139	3.81
25	3.98	0	14.62	VII. 25. 20		**L8**		0	15.16	20	4.65		
50	3.96	5	10.53	0	16.06	VII. 25. 17		2.5	6.56	31	4.30	**A7**	
83	3.98	10	8.27	2.5	9.79	0	4.16	5	4.57			VII. 24. 12	
		20	4.75	5	6.51	10	4.07	10	4.09	**A3**		0	7.36
S6		30	4.18	10	5.48	15	3.85	20	3.98	VII. 24. 7		5	5.56
VII. 19. 21		48	4.03	20	4.52	20	3.98	30	3.98	0	8.43	10	4.59
0	16.10			46	4.07	50	3.88	50	3.98	5	7.63	20	4.18
2.5	6.41	**P5**				100	3.88	71	3.98	7.5	4.94	30	4.12
5	5.37	VII. 25. 12		**L4**		209	3.79			10	4.34	50	4.07
10	4.47	0	14.69	VII. 25. 20				**L14**		20	4.00	75	3.98
25	4.08	5	10.93	0	15.40			VII. 20. 15		30	3.99	100	3.94
50	4.07	10	7.64	2.5	7.45	**L8**		0	17.09	50	3.97	150	3.82
75	3.98	15	5.06	5	6.57	VII. 20. 6		2.5	15.89	93	3.88	192	3.79
116.5	3.98	25	4.28	10	5.37	0	3.91	3.5	15.61				
		50	4.07	20	4.36	0.5	3.90	5	5.71	**A4**		**A7a**	
S8		106	3.98	38	4.07	2.5	3.81	10	4.37	VII. 24. 8		VII. 24. 13	
VII. 19. 21						5	3.80	25	3.99	0	7.48	0	8.06
0	11.16			**L5**		10	3.84	65	3.97	5	6.78	10	5.48
1	9.13	**P6**		VII. 25. 20		20	3.83			7.5	4.37	20	4.07
2.5	7.18	VII. 25. 13		0	14.38	30	3.81	**L15**		10	4.32	50	3.98
10	4.38	0	6.84	2.5	10.33	50	3.80	VII. 20. 17		20	4.05	100	3.88
15	4.07	10	5.58	5	7.11	75	3.79	0	18.65	30	3.99	142	3.85
28.5	3.98	25	4.49	10	5.58	100	3.79	2.5	8.26	50	3.98		
		50	3.99	25	4.47	150	3.78	5	5.95	75	3.97		
S10		75	3.98	50	4.04	175	3.79	10	4.57	100	3.94	**A7b**	
VII. 19. 22		102	3.91	92	3.98	206	3.79	25	4.16	125	3.88	VII. 24. 13	
										150	3.86	0	9.71

m	t°	m	t°	m	t°	m	t°	m	t°	m	t°	m	t°
7.5	3.98	0	15.84	**Ba**		5	9.05	**B12**		20	6.67	10	4.70
10	5.51	5	15.78	VII. 22. 18		10	5.38	VII. 22. 7		34	4.54	20	4.68
20	4.05	10	7.74	0	6.36	20	4.06	0	19.68			30	4.68
40	3.96	20	4.77	5	5.36	30	4.00	5	19.40	**C4**		40	4.01
100	3.89	30	4.46	12	4.67	50	3.96	6.5	17.97	VII. 21. 9		62	3.98
167	3.88	50	4.17			75	3.96	8	8.52	0	15.40		
		60	4.09	**B1**		107	3.88	10	6.99	5	9.86	**C10**	
A7c		80	4.02	VII. 22. 18				18	6.28	7	5.46	VII. 21. 14	
VII. 24. 13		103	3.98	0	6.71	**B7**				10	4.76	0	17.39
0	11.13			5	6.31	VII. 22. 12		**B13**		30	4.10	2.5	15.76
5	8.84	**A13**		10	4.74	0	6.87	VII. 22. 7		66	3.98	5	7.57
6	4.76	VII. 24. 21		20	4.38	5	5.09	0	20.19			10	6.25
7.5	4.57	0	15.56	38	4.03	10	4.07	5	18.02	**C5**		20	5.04
10	4.25	5	15.50			20	3.99	7.5	9.66	VII. 21. 10		37	4.29
25	3.94	10	14.98	**B2**		30	3.99	10	8.79	0	13.97		
50	3.86	15	14.28	VII. 22. 17		50	3.97	15	8.47	4	10.24	**N**	
92	3.83	20	13.99	0	7.86	80	3.89			5	6.35	VII. 20. 20	
				5	7.52			**O1**		10	4.76	0	20.36
A8		**A14**		7.5	7.51	**B8**		VII. 21. 17		20	4.42	5	14.86
VII. 24. 14		VII. 24. 22		10	4.92	VII. 22. 11		0	11.39	40	4.38	10	11.33
0	12.83	0	18.47	20	4.38	0	7.05	2.5	8.71	65	3.98	20	7.74
2.5	12.82	5	16.48	30	4.18	5	5.05	5	7.25			33	4.83
4	11.71	10	15.10	50	3.98	10	4.07	10	5.96	**C6**			
5	8.09	20	13.71	75	3.90	20	4.00	20	4.30	VII. 21. 11			
10	5.87	25	12.26	96	3.88	30	3.98	30	4.08	0	14.79	**La**	
20	4.96	30	8.34			50	3.94	50	4.16	4	10.80	VIII. 25. 14	
30	4.20	50	5.44	**B3**		75	3.88	79	3.98	5	6.84	0	5.77
50	3.98	89	4.40	VII. 22. 16		106	3.87			10	4.10	13	5.10
75	3.97			0	10.43			**O2**		20	4.06		
100	3.89	**K1**		5	7.14	**B9**		VII. 21. 16		40	4.05	**L1**	
125	3.86	VII. 23. 7		10	4.28	VII. 22. 10		0	14.41	66	3.97	VIII. 25. 15	
164	3.80	0	9.57	20	4.10	0	4.77	2.5	12.81			0	6.78
		5	8.57	30	3.98	2.5	4.75	5	5.61	**C7**		5	7.06
A9		10	5.17	50	3.95	5	4.59	10	5.04	VII. 21. 12		10	6.29
VII. 24. 15		20	4.16	68	3.90	10	4.36	20	4.37	0	15.88	15	5.94
20	5.16	30	3.98			15	4.36	30	4.24	5	14.39	22	5.59
30	4.58	50	3.96	**B4**		20	4.46	50	4.07	9	6.86		
40	4.74	75	3.88	VII. 22. 15		30	3.98	68	3.98	15	4.98	**L2**	
57	4.56	100	3.87	0	8.25	50	3.96			25	4.66	VIII. 25. 15	
		150	3.80	5	7.12	75	3.91	**C1**		40	4.28	0	7.51
A10		171	3.79	10	4.41	103	3.88	VII. 21. 5		58	3.97	5	7.52
VII. 24. 17				20	4.03			0	11.85			10	6.84
0	16.30	**K2**		30	4.00	**B10**		5	9.43	**C8**		15	6.01
5	16.07	VII. 23. 6		50	3.97	VII. 22. 8		10	7.83	VII. 21. 13		22	4.96
10	10.52	0	7.15	75	3.90	0	18.79			0	15.69		
13	7.82	2.5	6.26	98	3.86	5	16.57	**C2**		3	15.69	**L3**	
15	5.56	5	5.26			7.5	9.98	VII. 21. 6		6	5.86	VIII. 25. 16	
20	4.38	10	4.39	**B5**		10	6.27	0	18.21	9	5.17	0	7.86
30	3.98	20	4.18	VII. 22. 14.		20	4.78	5	14.23	15	4.69	10	7.77
40	3.98	30	3.98	0	11.76	30	4.17	10	9.43	30	4.30	15	7.61
50	3.99	50	3.98	5	10.75	40	4.07	14	7.47	53	4.02	17.5	6.78
75	3.98	80	3.89	7.5	4.84	50	4.09					20	5.32
125	3.91	133	3.88	10	4.45	66	4.17	**C3**		**C9**		25	5.04
150	3.90			20	4.27			VII. 21. 7		VII. 21. 14		40	4.66
175	3.88	**Bb**		50	3.99	**B11**		0	17.77	0	16.67	48	4.51
186	3.88	VII. 22. 19		72	3.91	VII. 22. 8		5	16.96	2	16.65		
		0	6.37			0	19.38	6	12.21	4	7.41	**L4**	
A11		5	6.17	**B6**		6	13.31					VIII. 25. 16	
VII. 24. 19		8	5.32	VII. 22. 13		8	8.77	10	7.46	5	6.87	0	8.12
				0	9.00	12	6.02						

5. DIE BEOBACHTETEN TEMPERATUREN. 1899.

m	t°	m	t°	m	t°	m	t°	m	t°	m	t°	m	t°	m	t°
L5		125	5.00	**L14**		**A2**		**A6a**		**A9a**		5	7.33		
VIII. 25. 16		150	4.48	VIII. 30. 14		VIII. 31. —		VIII. 31. —		VIII. 31. —		10	6.81		
0	8.89	228	4.01	0	10.87	0	9.89	0	8.58	0	7.36	15	6.58		
10	8.43			10	10.69	10	9.62	25	7.81	5	7.32	22	5.81		
25	6.95	**L9**		25	10.12	25	8.93	50	6.50	10	6.86				
27.5	5.72	VIII. 27. 15		30	9.71	36	8.31	90	5.43	25	6.02	**A14**			
30	5.42	0	9.54	35	9.41			114	4.83	50	5.27	VIII. 31. —			
35	5.02	5	9.41	40	7.83	**A2a**		140	4.51	75	4.73	0	7.46		
50	4.70	10	9.66	45	5.70	VIII. 31. —				104	4.33	5	7.37		
97	4.06	15	8.92	55	4.34	0	9.82	**A6b**		127	4.20	10	7.11		
		25	8.91	71	4.31	35	8.15	VIII. 31. —				15	6.33		
L6		40	6.97					0	8.73	**A9**		20	5.98		
VIII. 25. 17		45	5.71	**L15**		**A3**		25	7.87	VIII. 31. —		25	5.82		
0	8.85	50	5.03	VIII. 30. 12		VIII. 31. —		(87)	4.93	0	8.33	40	5.41		
10	8.93	100	4.31	0	9.51	0	8.73			5	7.81	50	5.30		
15	8.48	164	3.90	10	9.38	10	8.19	**A7**		10	7.27	60	5.27		
20	6.88			25	9.08	25	7.85	VIII. 31. —		15	6.73	75	5.11		
25	6.56	**L10**		35	8.92	35	7.14	0	8.70	25	6.46	87	4.78		
30	6.14	VIII. 27. 16		40	8.88	50	5.93	10	7.53	40	6.33	101	4.64		
32.5	5.77	0	8.01	42.5	4.30	60	5.24	25	7.30	45	6.17				
35	4.18	5	7.81	45	4.33	75	4.52	50	6.79	50	5.01				
40	4.18	10	7.60	50	4.16	103	4.06	75	5.56			**L13—K1**			
50	4.20	25	7.17	69	4.11			85	5.08	**A10**		VIII. 30. 15			
100	3.99	50	5.29			**A4**		100	5.03	VIII. 31. —		0	9.42		
160	3.89	75	4.01	**L16**		VIII. 31. 6		125	4.70	0	7.96				
161	3.82	100	3.94	VIII. 30. 11		0	9.18	150	4.49	10	7.03	VIII. 30. 16			
171	3.71	137	3.93	0	9.52	10	8.94	175	4.17	25	6.06	0	7.90		
				5	9.51	25	8.37	212	3.90	45	5.57	VIII. 30. 17			
L7		**L11**		10	8.90	35	8.13			50	5.48	0	8.67		
VIII. 25. 18		VIII. 27. 17		25	8.51	50	7.68	**A7a**		75	4.93	VIII. 30. 18			
0	8.23	0	6.52	40	8.36	75	6.28	VIII. 31. 11		100	4.63	0	8.77		
10	8.15	5	6.50	45	7.32	85	5.05	0	8.63	125	4.43				
15	7.78	10	6.17	50	5.87	100	4.43	10	8.25	150	4.35				
17.5	6.67	25	6.12	67	4.50	150	3.99	25	7.18	190	4.36	**K1**			
20	4.86	50	5.72			210	3.92	50	6.73			VIII. 30. 19			
30	4.74	100	5.46	**L17**				75	5.81	**A11**		0	9.75		
35	4.51	120	4.35	VIII. 30. 10		**A5**		100	4.51	VIII. 31. —		10	8.23		
50	4.18			0	11.35	VIII. 31. 6		195	3.88	0	7.33	25	7.42		
215	3.80	**L12**		10	11.23	0	8.32			5	7.09	50	7.02		
		VIII. 27. 18		15	11.19	10	7.48	**A7c**		10	6.66	75	6.10		
K2		0	7.90	20	11.19	25	6.91	VIII. 31. 11		25	6.08	80	5.19		
VIII. 26. 15		5	7.31	25	9.87	50	4.97	0	8.73	50	5.07	93	4.72		
0	9.45	10	6.74	40	9.37	75	4.33	10	8.28	75	4.72	100	4.14		
7	9.51	25	6.56	45	9.24	100	4.14	25	7.85	113	4.43	123	4.10		
		50	5.86	47.5	8.83	125	3.90	50	4.98						
A6a		61	4.80	53.5	6.12	150	3.90	67	4.95	**A12**					
VIII. 27. 12						174	3.79			VIII. 31. —		**B1**			
0	8.31	**L13**		**L18**				**A8**		0	8.15	VIII. 29. 9			
		VIII. 30. 15		VIII. 30. 9		**A6**		VIII. 31. —		5	8.01	0	9.77		
L8		0	9.85	0	11.36	VIII. 31. —		0	7.70	10	7.18	10	9.72		
VIII. 27. 13		10	9.61	10	11.07	0	9.35	10	6.57	15	6.63	38	9.64		
0	6.64	25	9.45	25	11.03	10	8.85	25	6.02	20	6.27				
0	6.48	30	9.45	38	10.48	25	7.77	50	5.22	25	5.85	**B2**			
5	6.36	35	9.40			50	6.27	75	4.38	40	5.47	VIII. 29. 10			
10	6.42	37.5	9.10	**A1**		182	3.94	100	4.32	53	5.20	0	8.75		
25	6.44	40	7.05	VIII. 31. —								10	8.57		
50	6.45	42.5	4.81	0	9.94	75	5.53	**A8a**		**A13**		15	8.62		
75	5.67	45	4.19	10	9.73	85	5.36	VIII. 31. —		VIII. 31. —		25	6.66		
100	5.30	58	4.22	15	9.60	100	4.77	0	6.52	0	7.45	40	6.36		
				25	9.56	108	4.35								

5. DIE BEOBACHTETEN TEMPERATUREN. 1899.

m	t°	m	t°	m	t°	m	t°	m	t°	m	t°
50	6.25	50	4.63	**B12**		40	7.70	**S4**		40	7.62	**W von L9**	
75	5.90	52.5	4.56	VIII. 29. 19		42.5	6.42	X. 9. 8		50	7.56	X. 6. 19	
85	4.52	55	4.55	0	6.63	45	4.39	0	8.25	60	7.51	0	7.51
100	4.22	60	4.47	5	6.12	50	4.33	10	8.27	80	7.06		
109	3.98	75	4.34	10	5.78	67	4.09	30	8.26	100	6.39	**L10**	
		98	4.26	15	5.78			50	8.26	125	5.71	X. 5. 11	
B2a				21	5.76	**C6a**		70	8.23	150	4.91	0	7.55
VIII. 29. 10		**B7**				VIII. 30. 7		80	7.21	161	4.38	20	7.53
0	7.95	VIII. 29. 15		**B13**		0	10.39	85	5.86			40	7.49
		0	8.10	VIII. 29. 19				87	5.67			50	5.31
B3		10	7.75	5	5.93	**C6b**				**L7**		60	5.02
VIII. 29. 10		20	7.19	10	5.65	VIII. 30. 8		**S5**		X. 6. 20		80	4.41
0	7.79	25	6.40	17	5.43	0	9.38	X. 4. 14		0	8.26	100	4.13
5	7.68	50	4.08					0	8.22	40	8.24	125	4.00
7.5	6.45	75	3.94	**a**		**C6c**		20	8.21	50	7.94	135	3.98
10	6.28	101	3.93	VIII. 27. 18		VIII. 30. 8		40	8.17	60	7.61		
25	6.18			0	7.70	0	10.98	50	8.12	80	7.05		
50	5.30							60	8.06	100	6.12	**L11**	
75	4.56	**B8**		**b**		**C6d**		75	7.88	125	4.81	X. 5. 13	
105	4.00	VIII. 29. 16		VIII. 27. 19		VIII. 30. 9		90	7.22	150	4.45	0	7.67
		0	7.71	0	7.45	0	11.46	100	6.14	175	4.22	20	7.66
B4		10	7.07					125	5.21	200	4.09	30	7.67
VIII. 29. 11		25	6.63	**c**				150	5.06			40	6.94
0	7.17	35	6.26	VIII. 27. 19		**S1**				**L8**		50	5.36
5	7.01	40	4.96	0	6.91	X. 4. 12		**S5**		X. 5. 8		60	4.77
10	6.86	50	4.13			0	9.31	X. 4. 20		0	7.58	80	4.32
25	6.37	75	3.96	**d**		10	9.27	0	8.31	10	7.58	100	4.09
50	5.82	114	3.93	VIII. 27. 19		20	9.31			20	7.58	119	4.07
75	5.05			0	7.20			**L1**		30	7.56		
85	4.49					**S1**		X. 6. 23		40	7.44	**L12**	
99	4.23	**B9**		**e**		X. 9. 9		0	9.14	50	5.44	X. 5. 14	
		VIII. 29. 17		VIII. 27. 20		0	7.87	5	9.15	60	5.25	0	7.75
B4a		0	8.88	0	9.52	5	7.85	10	8.91	75	5.08	20	7.74
VIII. 29. 12		10	8.16			10	7.80	15	8.09	100	4.70	30	7.34
0	7.56	25	7.86	**f**		23	7.66	21	7.44	125	4.45	35	6.36
		30	6.78	VIII. 27. 20						150	4.29	40	5.03
B5		40	6.00	0	9.39	**S2**		**L3**		175	4.15	50	4.52
VIII. 29. 13		45	5.34			X. 4. 12		X. 6. 22		200	4.08	60	4.22
0	7.21	50	4.86	**g**		0	8.73	0	9.01	208	4.11	69	4.03
5	7.04	75	4.14	VIII. 27. 21		5	8.76	5	8.96				
10	6.80	100	4.14	0	10.12			10	8.36				
25	6.62					**S3**		20	7.67	**W von L9**		**L12**	
40	6.16	**B10**		**Ba**		X. 4. 12		30	7.27	X. 6. 19		X. 6. 16	
42.5	4.61	VIII. 29. 18		VIII. 27. 21		0	8.56	40	6.86	0	8.03	0	7.74
45	4.53	0	7.60	0	10.95	10	8.56	48	5.96			30	7.71
50	4.35	5	7.72			20	8.53	**L5**		**L9**		35	6.83
71	3.98	10	7.87	**Bo**		30	8.26	X. 6. 22		X. 5. 10		40	5.26
		15	6.88	VIII. 27. 21		35	7.36	0	8.63	0	7.74	50	4.38
B5a		25	6.31	0	10.66	40	6.87	10	8.06	10	7.71	81	3.99
VIII. 29. 13		35	5.30					20	7.89	20	7.66		
0	7.16	43	4.26	**Bo**		**S4**		30	7.54	30	7.29	**N von L13**	
				VIII. 29. 8		X. 4. 13		40	7.49	40	7.06	X. 6. 15	
B6				0	10.47	0	8.39	60	6.94	50	6.81	0	7.71
VIII. 29. 14		**B11**				10	8.38	80	5.29	59	5.83	30	7.67
0	7.15	VIII. 29. 19		**C6**		20	8.38	94	5.09	75	4.91	40	7.54
5	7.73	0	7.74	VIII. 30. 9		40	8.38			90	4.63	45	5.21
7.5	6.67	5	7.39	0	10.20	60	8.37	**L6**		100	4.45	50	4.74
10	6.51	10	6.36	10	10.18	70	8.37	X. 6. 21		125	4.24	60	4.50
25	6.40	13	6.21	25	9.94	79	8.17	0	7.70	154	4.04	70	4.41

5. DIE BEOBACHTETEN TEMPERATUREN. 1899.

m	t°	m	t°	m	t°	m	t°	m	t°	m	t°	m	t°
L13		**L17—18**		40	8.49	**S von B4**		**S7**		**L7**		**A1**	
X. 6. 15		X. 6. 10		50	8.47	X. 5. 15		XI. 14. 11		XI. 3. 9		XI. 7. 9	
0	8.56	0	9.95	80	8.32	0	7.60	0	6.00	0	6.34	0	5.73
10	8.38			90	7.43	20	7.60	60	6.02	10	6.35	10	5.72
20	8.01	**L18**		100	7.06	30	7.52	80	6.02	20	6.35	25	5.72
30	7.81	X. 6. 9		113	5.66	35	6.68	95	5.62	40	6.34		
40	7.27	0	9.77			40	5.66	110	5.54	60	6.33	**A2**	
54	6.43	20	9.76	**A13**		50	4.98			80	6.33	XI. 7. 10	
		26	9.41	X. 8. 8		60	4.07	**S8**		100	6.34	0	5.66
L14				0	8.64	85	4.04	XI. 14. 10		125	6.33	25	5.64
X. 6. 13		**L18**		10	8.67			0	5.84	150	6.33	38	5.63
0	8.08	X. 6. 10		21.5	8.66	**C3?**		20	5.73	175	6.33		
30	8.06	0	9.71			X. 6. 7		37	5.61	194	6.33	**A3**	
35	8.02			**A14**		0	8.76					XI. 7. 10	
40	5.71	**L19**		X. 8. 8		20	8.77	**P3**		**L8**		0	5.86
45	4.84	X. 6. 10		0	8.62	30	8.07	XI. 11. 9		XI. 3. 10		60	5.86
50	4.28	0	9.56	60	8.28	35	5.87	0	6.10	0	6.23	81	5.58
60	4.25	23	9.56	70	7.86	40	4.96	60	6.10	10	6.23		
70	4.15			78	7.70	54	4.81	80	6.10	25	6.23		
76	4.16	**A8**						100	6.10	50	6.23	**A4**	
		X. 9. 6		**Bo**		**S1**		120	6.10	75	6.23	XI. 7. 11	
		0	8.17	X. 5. 19		XI. 14. 14		135	6.09	125	6.23	0	5.84
L15		50	8.21	0	5.71	0	5.02			175	6.22	40	5.83
X. 6. 12		70	7.81			10	5.04	**Li**		200	6.22	60	5.78
0	8.87	80	7.56	**Ba**		22	4.93	XI. 3. 6		220	6.20	80	5.83
20	8.84	90	7.22	X. 5. 18				0	4.63			100	5.82
25	8.80	100	6.52	0	5.00	**S2**		10	4.59	**L9**		150	5.82
30	8.23	125	4.53	8	4.97	XI. 14. 14		21	4.48	XI. 3. 12		175	5.78
35	4.84	156	4.37			0	4.99			0	6.14	200	5.77
40	4.40			**B1**		6	4.76	**L3**		50	6.15	225	5.73
50	4.25			X. 5. 18				XI. 3. 7		100	6.15		
60	4.20	**A9a=S5**		0	5.21	**S3**		0	5.54	160	6.14	**A5**	
70	4.19	X. 9. 7		10	5.18	XI. 14. 14		10	5.50			XI. 7. 12	
		0	8.06	20	5.17	0	5.69	20	5.43	**L10**		0	5.77
		70	7.94	30	5.17	20	5.72	30	5.43	XI. 3. 13		40	5.75
L16		80	7.67	41	4.88	35	5.62	48	5.28	0	6.04	60	5.72
X. 6. 12		85	6.85							50	6.05	80	5.75
0	9.83	90	5.46	**B2**		**S4**		**L5**		100	6.05	100	5.75
30	9.81	100	5.21	X. 5. 17		XI. 14. 13		XI. 3. 7		142	6.03	125	5.73
40	9.41	120	4.95	0	6.86	0	6.02	0	6.07			152	5.78
45	7.07			10	6.87	60	6.05	10	6.08	**L11**			
50	5.86			15	6.86	80	6.05	30	6.08	XI. 3. 14		**A6**	
55	4.38	**A10**		20	6.56	96	6.05	50	5.98	0	5.72	XI. 7. 13	
60	4.22	X. 9. 7		30	6.31			70	5.94	60	5.72	0	5.90
72	4.20	0	8.33	37	5.82	**S5**		80	5.92	106	5.72	60	5.89
		70	8.16	40	4.91	XI. 14. 12		93	5.66			80	5.83
		80	8.06	60	4.32	0	6.13			**L12**		90	5.87
		90	6.83	80	3.98	60	6.17	**L6**		XI. 3. 15		108	5.22
L17		100	5.77	105	3.97	80	6.14	XI. 3. 8		0	5.50		
X. 6. 11		125	5.14			99	6.04	0	6.50	50	5.50	**A7**	
0	9.99	150	4.97	**S von B3**		143	6.17	10	6.49	78	5.52	XI. 7. 14	
30	9.98	188.5	4.83	X. 5. 16				20	6.37			0	6.38
40	9.76			0	6.58	**S6**		40	6.37	**L13**		60	6.32
41	9.76			20	6.54	XI. 14. 11		60	6.37	XI. 3. 16		80	6.33
42.5	7.49	**A11**		30	6.48	0	6.11	80	6.37	0	5.36	100	6.00
44	5.86	X. 8. 6		40	6.29	60	6.14	100	6.37	50	5.36	125	5.63
45	5.63	0	8.50	50	5.97	80	6.13	130	6.33	60	5.36	150	5.73
47	5.42	10	8.62	60	4.65	100	6.12	160	6.36	75	5.60	160	6.33
				71	4.32	118	5.93						

5. DIE BEOBACHTETEN TEMPERATUREN. 1899 UND 1900.

m	t°	m	t°	m	t°	m	t°	m	t°	m	t°
175	6.33	**A14**		**W von B3**		40	5.83	10	0.38	**L9**		80	3.20
195	6.28	XI. 9. 12		XI. 12. 14		64	5.69	30	0.40	IV. 24. 13		96	3.27
		0	6.27	108	4.88			40	0.73	10	0.32		
A8		60	6.17			**B10**		52	0.94	20	0.37	**L6**	
XI. 7. 16		81	6.13	**B3**		XI. 11. 13		65	1.59	25	0.64	VI. 6. 8	
0	6.38			XI. 12. 14		0	6.00	75	2.01	30	0.72	0	2.18
60	6.29	**K1**		0	5.51	20	6.00	90	2.23	40	0.92	20	2.12
100	6.23	XI. 7. 8		60	5.46	35	6.00			50	1.36	40	2.12
125	6.33	0	5.90	80	5.22			**E von L6**		60	1.68	60	2.10
150	5.59	60	5.88	100	5.51	**B11**		IV. 25. 10		75	1.97	80	2.12
164	5.72	80	5.81	117	5.49	XI. 11. 12		0	0.24	100	2.33	100	2.12
		100	5.45			0	5.08	1	0.38	125	2.56	125	2.39
		125	5.19	**B4**		10	5.04	10	0.39	137	2.67	150	2.59
A8		150	4.63	XI. 12. 13		23	5.17	20	0.38			175	2.59
XI. 8. 5		160	4.50	0	5.38			30	0.48	**SE von L9**			
0	6.33			60	5.38	**B12**		40	0.61	IV. 24. —		**L7**	
80	6.23	**K2**		80	5.15	XI. 11. 12		50	0.94	0	0.29	VI. 6. 9	
148	5.54	XI. 7. 7.		100	5.38	0	5.33	60	1.30	20	0.30	0	2.15
		0	5.84	111	5.39	10	5.33	75	1.93	30	0.59	10	2.12
A10		10	5.83			22	5.33	100	2.43	50	1.25	20	2.07
XI. 8. 6		20	5.78	**B5**				125	2.52	75	1.98	40	2.06
0	6.43	40	5.78	XI. 12. 12		**W von B13**		169	2.70	125	2.57	60	2.06
60	6.43	60	5.84	0	5.29	XI. 11. 12				154	2.73	80	2.07
80	6.43	80	5.79	50	5.26	0	5.02					100	2.08
100	6.43	100	5.76	68	5.25	10	5.02	**SE von L7**				125	2.36
125	6.43	125	5.83			18	5.06	IV. 25. 8		**L1**		150	2.36
150	6.43	149	5.80	**B6**				0	0.29	VI. 6. 5		165	2.62
175	6.33			XI. 12. 11		**C1**		1	0.36	0	7.23	175	2.64
189	6.31	**Bb**		0	5.83	XI. 4. 10		10	0.36	10	6.32	200	2.46
		XI. 12. 16		60	5.83	0	4.73	20	0.39	22	4.60	213	2.77
A10		0	5.43	80	5.83	10	4.72	30	0.54				
XI. 9. 9		10	5.42	100	5.81	14	4.73	35	0.89			**L8**	
0	6.43			123	5.60			40	1.05	**L2**		VI. 6. 11	
60	6.43	**Ba**				**C2**		50	1.43	VI. 6. 6		0	2.06
80	6.43	XI. 12. 15		**B7**		XI. 4. 11		60	1.80	0	6.24	20	2.04
100	6.38	0	5.43	XI. 12. 10		0	4.83	75	2.13	10	4.83	40	2.07
125	6.23	14	5.43	0	5.77	10	4.83	100	2.41	23	4.50	60	2.09
150	6.17			60	5.71	20	4.83	125	2.55			80	2.05
173	6.14	**B1**		80	5.65			150	2.67	**L3**		100	2.05
		XI. 12. 15		91	5.51	**1900**		175	2.88	VI. 6. 6		125	2.07
A11		0	5.53			**L1**				0	3.77	150	2.07
XI. 9. 10		20	5.54	**B8**		IV. 25. 16		**L8**		15	3.95	175	2.07
0	6.42	38	5.53	XI. 12. 9		1	0.34	IV. 24. 9		30	3.99	200	2.06
60	6.34			0	5.97	10	0.35	0	0.24	46	3.99	224	2.09
80	6.31	**B2**		60	5.98	21	0.45	5	0.28				
100	6.30	XI. 7. 5		80	5.86			10	0.25	**L4**		**L9**	
115	6.20	0	5.70	100	5.71			20	0.39	VI. 6. 6		VI. 6. 14	
		10	5.68	118	5.43	**L3**		25	0.62	0	2.77	0	2.48
A12		60	5.80			IV. 25. 15		30	0.80	10	2.81	20	2.46
XI. 9. 11		80	5.63	**B9**		2	0.38	40	1.14	15	3.07	40	2.46
0	6.39	103	5.38	XI. 12. 8		20	0.38	50	1.51	21	3.64	60	2.46
25	6.39			0	5.83	30	0.49	60	1.80	45	3.92	80	2.44
47	6.28	**B2**		60	5.85	35	0.69	75	2.00			100	2.44
		XI. 12. 15		80	5.84	40	1.94	100	2.19	**L5**		125	2.44
A13		0	5.57	99	5.71	49	2.54	125	2.29	VI. 6. 7		147	2.45
XI. 9. 11		60	5.58					150	2.44	0	2.55		
0	6.35	80	5.44	**B10**		**L5**		175	2.55	20	2.57	**L10**	
15	6.35	95	5.07	XI. 12. 8		IV. 25. 12		200	2.65	40	2.69	VI. 6. 15	
30	6.35	107	4.86	0	5.99	0	0.30	230	2.77	60	2.88	0	2.57

5. DIE BEOBACHTETEN TEMPERATUREN. 1900.

m	t°	m	t°	m	t°	m	t°	m	t°	m	t°
20	2.51	**L18**		20	2.57	**A11**		5	7.18	**L6**	
40	2.51	VI. 7. 17		50	2.56	VI. 9. 16		10	6.53	VII. 29. 17	
60	2.49	0	2.71	100	2.57	0	2.28	23	6.23	0	5.29
80	2.51	15	2.71	109	2.57	20	2.25			0	5.30
100	2.55	32	2.72			40	2.25	**L3**		10	5.45
125	2.53			**A7**		60	2.47	VII. 29. 15		20	5.37
147	2.61	**L19**		VI. 9. 11		80	2.61	0	5.25	30	5.18
		VI. 7. 18		0	2.34	105	2.81	10	5.22	40	4.79
L11		0	4.56	20	2.26			20	5.20	50	4.37
VI. 6. 16		10	4.48	40	2.22	**A12**		30	5.03	75	4.00
0	2.37	23	4.22	80	2.22	VI. 9. 17		40	5.03	100	3.90
20	2.32			100	2.22	0	2.42	46	4.65	164	3.87
40	2.34	**A1**		125	2.22	20	2.37				
60	2.32	VI. 9. 5		150	2.47	40	2.39	**L6**			
80	2.32	0	5.20	175	2.57	54	2.42	VIII. 4. 17			
107	2.38	10	5.20	200	2.71			0	8.85		
		25	5.31	212	2.72	**A13**		5	8.35		
						VI. 9. 17		10	7.08		
L12		**A2**		**A8**		0	2.83	20	5.99	**L11**	
VI. 6. 18		VI. 9. 5		VI. 9. 12		10	2.77	30	4.88	VII. 31. 9	
0	2.32	0	3.32	0	2.46	23	2.79	40	4.42	0	10.44
20	2.27	20	3.57	10	2.27			50	4.39	10	9.15
40	2.31	39	3.64	20	2.22	**A14**		75	4.23	15	7.88
59	2.42			40	2.24	VI. 9. 18		100	4.07	20	5.26
		A3		60	2.32	0	2.58	160	3.94	30	4.39
L13		VI. 9. 6		80	2.42	20	2.56	**L4**		40	4.10
VI. 6. 19		0	2.88	100	2.52	40	2.56	VII. 29. 16		50	4.02
0	1.91	20	2.92	125	2.57	60	2.56	0	4.72	**L7**	
20	1.91	40	2.94	150	2.63	80	2.80	84	4.70	VII. 29. 18	
40	1.92	60	2.94	174	2.71	100	2.84			0	6.62
61	1.94	80	2.94					**L4a**		10	6.55	100	3.91
		99	3.02			**S8**		VIII. 4. 18		20	6.50	123	4.09
				A9a		VII. 29. 20		0	7.98	30	5.74		
L14		**A4**		VI. 9. 13		0	9.18	5	7.73	40	4.47	**L12**	
VI. 6. 20		VI. 9. 6		0	2.26	10	5.94	10	6.43	50	4.17	VII. 31. 10	
0	1.96	0	2.62	20	2.18	20	4.81	20	5.78	60	4.02	0	8.46
20	1.96	20	2.61	40	2.16	40	4.27	30	5.65	75	3.97	10	7.87
40	1.95	50	2.60	60	2.17			40	5.54	100	3.92	20	6.63
67	1.97	80	2.60	83	2.21	**S10**		50	5.43	150	3.87	30	5.24
		100	2.60			VII. 30. —		60	4.80	216	3.82	40	5.01
L15		125	2.60			0	14.9	81	4.53			50	4.65
VI. 7. 14		150	2.65	**A9**		1	13.7			**L8**		76	4.10
0	1.99	175	2.74	VI. 9. 14				**L5**		VII. 29. 19			
20	1.85	200	2.87	0	2.32	**La**		VII. 29. 16		0	8.52	**L13**	
40	1.85	214	2.93	20	2.32	VII. 29. 15		0	4.88	10	8.31	VII. 31. 11	
70	1.86			40	2.37	0	5.83	10	4.82	20	7.81	0	8.56
		A5				5	5.73	20	4.77	30	4.88	10	7.68
L16		VI. 9. 8		**A10**		10	5.69	50	4.73	40	4.17	15	6.84
VI. 7. 15		0	2.63	VI. 9. 14				75	4.53	50	3.96	20	5.20
0	1.77	20	2.59	0	2.30			95	4.42	100	3.91	40	4.53
20	1.75	50	2.59	20	2.21	**L1**				150	3.83	40	4.08
40	1.75	100	2.59	20	2.20	VIII. 4. 19		**L5**		220	3.73	50	4.09
66	1.81	125	2.59	60	2.21	0	9.95	VIII. 4. 17				72	4.09
		150	2.61	80	2.30	5	8.98	0	8.98	**L9**		**L14**	
L17		160	2.70	100	2.37	10	6.53	5	7.00	VII. 31. 5		VII. 31. 13	
VI. 7. 16				125	2.44	19	5.91	10	6.08	0	9.09	0	9.44
0	2.07	**A6**		150	2.56			20	5.75	10	8.29	10	8.80
20	2.07	VI. 9. 9		175	2.75	**L2**		30	5.68	15	7.83	20	6.71
45	2.09	0	2.71	187	2.95	VIII. 4. 18		50	5.23	20	5.20	30	4.58
						0	9.44	94	4.59	30	4.10	40	4.10

5. DIE BEOBACHTETEN TEMPERATUREN. 1900.

m	t°	m	t°	m	t°	m	t°	m	t°	m	t°	m	t°
50	4.07	15	8.68	100	3.92	30	4.88	**K1**		**B3**		15	9.38
67	4.00	21	8.02	205	3.80	43	4.67	VIII. 3. 14		VIII. 2. 20		20	6.69
								0	8.45	0	8.98	30	5.05
L15		**L19**		**A5**		**A10**		10	7.58	10	7.99	40	4.04
VII. 31. 14		VII. 31. 19		VIII. 3. 18		VIII. 4. 10		20	6.79	15	6.38	50	4.01
0	10.07	0	12.74	0	9.92	0	10.32	25	5.61	20	5.49		
10	8.78	5	10.12	5	9.03	5	8.13	30	4.68	30	4.40	**B8**	
20	8.13	10	9.32	10	8.37	10	7.15	40	4.22	40	4.02	VIII. 2. 15	
27	6.24	15	8.96	20	5.31	20	6.04	50	4.15	50	3.99	0	10.67
30	4.93	19	8.68	30	4.22	30	5.09	100	3.97	75	3.89	5	9.42
40	4.02			40	4.01	40	4.57	182	3.85	103	3.92	10	9.20
50	3.99	**L19**		50	3.98	50	4.42					20	6.46
70	3.98	VII. 31. 19		75	3.94	75	4.32	**K2**		**B4**		30	5.36
		0	13.17	100	3.90	100	4.19	VIII. 3. 12		VIII. 2. 19		40	4.44
L16		5	12.24	155	3.82	150	3.99	0	9.01	0	9.37	50	4.11
VII. 31. 15		10	10.12			185	3.96	5	8.23	10	8.24	75	3.92
0	10.26	17	8.83	**A6**				10	7.28	20	7.35	121	3.93
10	8.61			VIII. 3. 19		**A11**		20	5.29	30	4.68		
15	7.73	**A1**		0	8.82	VIII. 4. 11		30	4.17	40	4.02	**B9**	
20	6.58	VIII. 3. 15		5	8.33	0	10.42	40	4.02	50	3.99	VIII. 2. 14	
30	4.37	0	11.01	10	7.28	5	7.83	75	3.99	76	3.95	0	8.31
40	4.05	1	10.69	20	5.55	10	6.86	100	3.97	96	3.94	5	7.78
50	4.02	5	9.21	30	5.14	20	6.09	148	3.87			10	7.69
67	4.02	10	6.55	40	4.69	30	4.95			**B5**		20	6.51
		15	6.11	62	4.06	40	4.77			VIII. 2. 18		30	4.24
L17		23	5.78			50	4.63	**Ba**		0	8.69	40	4.02
VII. 31. 16				**A7**		75	4.37	VIII. 3. 11		5	7.28	50	4.02
0	8.97	**A2**		VIII. 3. 20		111	4.27	0	10.37	10	7.25	75	3.97
5	8.33	VIII. 3. 15		0	9.27			1	9.93	20	6.76	107	3.87
10	7.82	0	9.05	5	7.95	**A12**		5	8.48	30	5.13		
15	7.72	5	7.91	10	7.38	VIII. 4. 11		7	7.53	40	4.37	**B10**	
20	5.99	10	6.55	20	5.96	0	10.43			50	4.08	VIII. 2. 13	
30	4.04	20	5.88	30	5.21	5	7.33	**Bb**		75	3.94	0	9.48
40	4.02	30	4.94	40	4.85	10	7.08	VIII. 3. 11		95	3.94	5	8.16
45	4.04	38	4.72	50	4.64	20	6.42	0	9.73			10	7.76
				75	4.27	30	5.18	5	9.37	**B5 bis**		20	6.25
L18		**A3**		100	4.07	40	4.83	8	7.55	VIII. 2. 18		30	5.29
VII. 31. 17		VIII. 3. 16		150	3.92	50	4.67			1	7.83	40	4.85
0	9.27	0	8.90	205	3.87	64	4.27			5	7.53	40	4.88
5	9.13	5	6.98					**B1**		10	7.15	50	4.57
10	7.70	10	6.40	**A8**		**A13**		VIII. 2. 22		20	4.83	79	4.45
15	5.88	20	5.59	VIII. 4. 8		VIII. 4. 12		0	9.97	45	4.00		
20	5.11	30	5.21	0	9.40	0	10.96	5	9.55			**B11—12**	
30	4.35	40	4.99	10	7.15	5	6.70	10	7.91	**B6**		VIII. 2. 13	
33	4.34	50	4.80	15	6.68	10	6.48	15	7.53	VIII. 2. 17		0	9.20
		75	4.58	20	5.65	20	5.96	20	5.83	0	10.77	10	8.84
L19		95	4.21	30	4.67			28	4.17	5	8.63	20	7.63
VII. 31. 18				40	4.33	**A14**				10	8.30	30	7.16
0	9.67	**A4**		50	4.23	VIII. 4. 12		**B2**		20	6.88		
5	8.64	VIII. 3. 16		75	4.00	0	9.97	VIII. 2. 21		30	5.03	**Pö**	
10	8.19	0	8.88	100	4.01	5	7.84	0	8.83	40	4.59	VIII. 2. 7	
20	7.58	5	8.07	168	3.92	10	6.96	5	8.63	50	4.27	0	8.45
25	7.38	10	6.63			20	6.45	10	7.97	76	3.95	7	8.13
		15	5.08	**A9**		30	6.32	20	6.44	100	3.96		
L19		20	4.51	VIII. 4. 9		40	6.13	30	5.22	117	3.92	**O1**	
VII. 31. 18		30	4.09	0	9.57	50	6.09	40	4.59			VIII. 1. 20	
0	11.16	40	4.01	5	8.00	50	6.05	50	4.27	**B7**		0	8.26
5	9.23	50	3.98	10	6.88	75	4.89	76	3.99	VIII. 2. 16		10	8.18
10	8.87	75	3.94	20	5.89	98	4.48	114	3.88	0	11.27	15	5.91
										10	9.96		

5. DIE BEOBACHTETEN TEMPERATUREN. 1900.

m	t°	m	t°	m	t°	m	t°	m	t°	m	t°	m	t°
20	4.70	30	4.39	10	12.61	**L4**		**L8**		0	9.35	**L17**	
30	4.29	40	4.12	12	11.63	IX. 11. 10		IX. 13. 4		20	9.34	IX. 14. 13	
40	4.22	63	4.07			0	9.02	0	8.48	25	8.56	0	10.45
70	4.22			**S1**		10	8.23	20	8.44	30	5.33	20	10.19
		C7		IX. 21. 17		20	6.25	30	6.76	40	4.65	25	10.17
O2		VIII. 1. 13		0	8.99	31	5.48	50	5.25	50	4.41	27.5	9.99
VIII. 1. 19		0	10.59	10	8.88			60	4.64	80	4.31	28.5	9.61
0	11.46	15	10.09	24	8.46	**L5**		100	4.46			29	7.88
5	11.22	20	9.82			IX. 11. 11		231	3.93	**L13**		30	5.95
10	7.51	25	7.73			0	9.42			IX. 13. 10		38	5.74
20	5.66	30	4.67	**S2**		10	9.37	**L9**		0	9.86		
28	5.13	40	4.27	IX. 21. 17		20	7.02	IX. 11. 18		20	9.35	**L18**	
		64	4.14	0	8.72	40	5.90	0	9.89	25	5.65	IX. 14. 12	
C1				7	8.53	60	5.60	10	9.90	30	5.15	0	10.63
VIII. 1. 6						80	5.24	20	7.40	40	4.69	20	10.41
0	10.55	**C8**						30	4.91	64?	5.32	31	10.44
5	10.36	VIII. 1. 14		**S3**		**L6**		40	4.51	69?	5.10		
10	10.17	0	12.46	IX. 21. 16		IX. 11. 12		60	4.26			**L19**	
		15	12.33	0	6.37	20	9.64	80	4.07	**L14**		IX. 14. 12	
C2		20	10.45	20	5.23	20	8.69	100	4.00	IX. 13. 11		0	10.56
VIII. 1. 7		25	8.78	42	4.74	30	6.07	125	3.91	0	10.51	10	10.55
0	11.46	30	5.76			40	5.06	155	3.91	20	10.50	17	10.56
5	11.43	40	4.21	**S4**		60	4.62			25	8.19		
10	8.84	62	4.22	IX. 21. 15		80	4.39	**L9**		30	4.25	**A1**	
15	8.66			0	5.66	100	4.25	IX. 13. 5		50	4.19	IX. 19. 9	
		C9		20	5.27	125	4.24	0	9.32	60	4.17	0	8.35
C3		VIII. 1. 15		40	4.73	158	3.96	20	9.34	71?	4.84	10	8.30
VIII. 1. 8		0	12.26	60	4.41			30	6.40			22	8.03
0	8.12	15	12.07	96	4.18			35	5.38	**L15**			
10	8.05	20	11.28			**L7**		40	4.65	IX. 13. 12		**A2**	
15	7.67	30	9.38	**A9a=S5**		IX. 11. 13		60	4.37	0	10.53	IX. 19. 9	
20	5.75	35	6.62	IX. 19. 17		0	9.57	159	3.90	20	10.51	0	8.42
30	4.68	40	4.79	10	7.24	20	8.88			25	10.48	20	7.77
40	4.39	65	4.20	10	6.66	30	8.17	**L10**		27.5	9.80	38	5.42
				20	5.83	40	5.40	IX. 13. 6		28.5	4.55		
C4		**C10**		40	5.35	60	4.57	0	8.98	30	4.60	**A3**	
VIII. 1. 9		VIII. 1. 16		60	4.28	80	4.31	10	8.96	40	4.27	IX. 19. 9	
0	8.39	0	12.19	80	4.11	100	4.21	20	8.52	60	4.16	0	8.38
10	7.98	10	11.77	113	3.98	125	4.16	30	8.48	69?	5.11	20	8.30
15	7.92	15	11.28			150	4.07	35	6.90			30	7.55
20	6.48	20	9.95	**L1**		175	3.95	40	5.50			40	5.42
40	4.03	31	9.12	IX. 11. 9		200	3.93	50	4.45	**L15**		50	5.08
70	4.02			0	7.46	221	3.91	75	4.19	IX. 14. 16		60	4.70
		C11		10	6.88			100	4.15	0	10.81	80	4.14
C5		VIII. 1. 17		22	5.15	**L8**		145	3.95	25	10.47	92	4.01
VIII. 1. 11		0	13.09			IX. 11. 15				27.5	5.00	116	4.00
0	11.08	10	13.00	**L2**		0	9.05	**L11**		28.5	4.88		
10	11.06	15	12.76	IX. 11. 10		20	7.34	IX. 13. 8		30	4.40	**A4**	
15	10.85	21	12.71	0	8.84	30	5.84	0	8.70	61	4.11	IX. 19. 10	
20	7.70			7	8.21	40	4.86	20	8.65			0	8.47
30	4.32	**C12**		11	5.26	50	4.49	30	8.64	**L16**		20	8.19
40	4.12	VIII. 1. 17				60	4.36	35	7.17	IX. 14. 14		40	7.54
66	4.11	0	12.79	**L3**		80	4.31	40	5.50	0	10.59	50	5.36
		15	12.61	IX. 11. 10		100	4.25	50	4.70	20	10.30	60	4.22
C6				0	8.80	125	4.19	80	3.98	28	10.08	80	4.02
VIII. 1. 12		**C12 bis**		10	7.82	150	4.12	116	4.02	29	7.43	100	3.99
0	11.18	VIII. 1. 18		20	6.97	175	4.10			30	5.16	125	3.95
15	10.65	0	12.78	35	5.83	200	3.97	**L12**		40	4.34	150	3.91
20	8.29	5	12.76	48	5.66	223	3.95	IX. 13. 9		56	4.36	169	3.85

5. DIE BEOBACHTETEN TEMPERATUREN. 1900.

m	t°	m	t°	m	t°	m	t°	m	t°	m	t°
175	3.86	**A10**		80	4.44	40	7.87	20	6.22	20	10.21	**C10**	
217	3.80	IX. 19. 18		100	4.20	50	7.21	40	5.64	25	9.74	IX. 17. 12	
		0	6.24	122	4.07	60	5.75	65	5.41	28	4.79	0	10.41
A5		20	5.87	125	4.12	89	4.26			30	4.58	20	10.12
IX. 19. 12		40	5.43	170	4.00	105?	4.37	**B11**		50	4.14	25	8.84
0	8.53	60	5.28					IX. 18. 6		69	4.13	30	5.07
20	7.96	80	4.64	**K2**		**B5**		0	8.54			48	5.03
30	7.65	100	4.51	IX. 19. 6		IX. 18. 11		10	5.94	**C4a=L15**			
40	5.48	130	4.37	0	8.16	0	8.30	16	5.95	IX. 17. 6		**C11**	
50	4.54	160	4.26	20	8.16	20	8.23			0	9.41	IX. 17. 13	
60	4.20	189	4.14	40	7.80	30	8.16	**B12**		30	9.32	0	7.25
80	4.02			50	5.81	40	5.74	IX. 18. 6		50	6.59	15	6.88
100	3.98	**A11**		60	4.51	60	4.16	0	6.52	69	5.76	20	5.94
125	3.93	IX. 19. 19		80	4.08	82?	4.18	10	6.47			28	4.54
150	3.91	0	5.33	100	4.09			22	5.77				
167	3.90	20	5.02	125	4.02	**B6**				**C5**		**C12**	
				156	3.97	IX. 18. 10		**B13**		IX. 17. 7		IX. 17. 13	
A6		**A11**				0	8.26	IX. 18. 5		0	9.32	0	7.04
IX. 19. 13		IX. 21. 14		**Bb**		20	8.19	0	5.90	22	9.32	10	6.82
0	8.81	0	6.26	IX. 18. 15		30	8.11	5	5.68	30	9.28	17	6.72
20	7.87	20	5.63	0	9.21	40	8.08	14	5.60	35	7.55	20	5.66
40	6.38	40	5.02	7	9.09	50	6.45			40	7.26		
60	5.07	60	4.81			60	4.44	**O1**		45	4.68		
80	4.24	80	4.72	**Ba**		80	4.09	IX. 17. 16		74	4.61		
91	4.07	108	4.64	IX. 18. 15		107	4.06	0	10.43				
				0	9.07			10	10.34	**C6**		**S1**	
A7		**A12**		8	9.05	**B7**		30	9.61	IX. 17. 8		X. 20. 16	
IX. 19. 14		IX. 20. 13				IX. 18. 9		40	7.11	0	10.04	0	6.28
0	8.86	0	5.81	**B1**		0	8.40	50	5.26	20	10.02	10	6.28
10	8.37	20	5.46	IX. 18. 15		20	6.97	71	4.63	30	9.32	20	6.48
20	8.35	47	5.11	0	8.37	30	5.33			32	7.09	23	6.58
30	6.17			10	8.31	40	4.46	**O2**		35	4.37		
40	5.26	**A12**		27	8.28	60	4.09	IX. 17. 15		40	4.11	**S2**	
60	4.72	IX. 21. 14				80	4.01	0	9.95	70	4.25	X. 20. 16	
80	4.45	0	6.38	**B2**				10	8.56			0	6.53
100	4.28	20	6.07	IX. 18. 14		**B8**		20	6.45	**C7**		6	6.43
125	4.19	41	5.63	0	8.12	IX. 18. 8		29	6.10	IX. 17. 10			
150	4.12			20	8.08	0	8.78			0	9.97	**S3**	
175	4.05	**A13**		40	7.92	20	7.99	**C1**		20	9.94	X. 20. 15	
217	3.95	IX. 21. 13		50	5.68	30	7.56	IX. 14. 19		30	8.33	0	8.13
		0	6.00	60	4.80	40	4.43	0	10.67	35	7.25	10	7.88
A8		10	5.38	92	4.08	60	4.10	5	10.67	42	5.21	20	7.78
IX. 19. 16		30	4.91			80	3.98	9.5	10.67	61	4.31	30	7.73
0	7.82			**B3**		116	3.98					38	7.33
10	7.36			IX. 18. 14				**C2**		**C8**			
20	6.53	**A14**		0	8.84	**B9**		IX. 14. 19		IX. 17. 10		**S4**	
40	4.50	IX. 21. 13		20	8.25	IX. 18. 7		0	10.02	0	10.07	X. 20. 15	
60	4.27	0	5.79	40	7.86	0	8.90	10	9.85	20	9.66	0	8.28
80	4.18	20	5.26	45	6.46	20	7.59	18	9.82	30	7.03	20	8.28
100	4.10	40	4.90	50	4.44	30	6.88			47	5.24	40	8.28
125	4.00	60	4.73	60	4.14	40	4.96	**C3**				60	8.28
143	3.98	80	4.71	77	4.11	60	4.60	IX. 14. 18		**C9**		80	7.88
149	3.95					80	4.29	0	9.63	IX. 17. 11		92	7.53
		K1		**B4**		97	4.25	20	9.32	0	9.84		
A9		IX. 19. 7		IX. 18. 12				42	9.12	20	9.14	**L1**	
IX. 19. 18		0	8.42	0	8.09	**B10**				25	7.57	X. 17. 5	
0	6.27	20	8.37	0	7.97	IX. 18. 6		**C4**		30	5.55	0	5.58
20	5.41	40	8.06	20	7.91	0	9.27	IX. 14. 16		40	4.84	10	5.63
38	4.80	50	7.18	40	7.88	10	8.46	0	10.38	61	4.45	20	5.63
49	4.82	60	5.08										

5. DIE BEOBACHTETEN TEMPERATUREN. 1900.

m	t°	m	t°	m	t°	m	t°	m	t°	m	t°	m	t°
L3		**L8**		40	5.98	**L19**		**A6**		40	8.23	**B3**	
X. 17. 5		X. 17. 11		50	5.78	X. 18. 14		X. 19. 17		50	8.18	X. 22. 16	
0	6.38	0	7.68	60	5.78	0	7.23	0	6.23	60	8.18	0	5.58
10	6.28	20	7.73	79	4.83	10	7.23	10	6.23	80	7.93	10	5.63
20	6.23	40	7.68			20	7.18	20	6.23	113	7.28	20	5.58
30	6.23	60	7.48	**L13**		26	7.13	30	6.18			30	5.88
48	6.18	70	6.88	X. 18. 8				40	5.78	**A12**		40	4.38
		80	6.43	0	6.28	**A1**		50	5.63	X. 20. 12		50	4.08
		100	5.58	20	6.28	X. 19. 14		60	5.48	0	8.33	60	3.98
L4		125	5.03	30	6.28	0	4.63	80	5.38	20	8.28	79	4.03
X. 17. 6		150	4.58	40	6.28	10	4.63	90	5.28	40	8.28		
0	6.73	175	4.33	50	6.23	20	4.63			60	8.23	**B4**	
20	6.73	200	4.23	60	5.68	24	4.63	**A7**		73	8.23	X. 22. 15	
30	6.73	226	4.08	70	4.93			X. 20. 7				0	5.73
40	6.73					**A2**		0	7.68	**A13**		10	5.68
60	6.68	**L9**		**L14**		X. 19. 14		20	7.68	X. 20. 12		20	5.68
80	6.08	X. 17. 13		X. 18. 9		0	4.83	40	7.68	0	8.28	30	5.83
		0	6.13	0	6.18	10	4.83	50	7.68	10	8.23	40	5.03
		10	5.88	20	6.18	20	4.83	60	7.63	22	8.18	50	4.83
L5		20	5.58	30	6.18	36	4.78	80	7.58			60	4.38
X. 17. 6		40	5.48	40	6.13			100	7.33	**A14**		80	4.08
0	6.83	50	5.48	50	6.03	**A3**		125	6.98	X. 20. 13		101	3.93
10	6.88	60	5.38	62	5.23	X. 19. 14		150	6.08	0	8.38		
20	6.88	80	5.28			0	5.43	175	5.03	20	8.38	**B5**	
30	6.78	90	5.08	**L15**		10	5.43	199	4.78	40	8.38	X. 22. 14	
40	6.63	100	4.78	X. 18. 10		20	5.43			50	8.33	0	5.73
60	6.48	125	4.18	0	6.18	30	5.38	**A8**		60	8.33	20	5.73
70	6.33	148	4.03	10	6.23	40	5.38	X. 20. 8		80	7.98	30	5.68
80	5.78			30	6.23	50	5.33	0	8.13	100	7.53	40	5.53
95	5.43	**L10**		40	6.23	60	5.23	10	8.13			50	5.18
		X. 17. 14		50	6.23	80	5.18	20	8.13	**Bb**		60	4.43
L6		0	5.98	60	5.53	99	5.03	30	8.13	X. 23. 9		81	3.98
X. 17. 8		0	5.98	70	4.83			40	8.08	0	4.68		
0	7.68	10	6.03			**A4**		50	8.08	10	4.83	**B6**	
10	7.68	20	5.58	**L16**		X. 19. 15		60	8.08			X. 22. 13	
20	7.68	30	5.53	X. 18. 11		0	5.38	80	7.93	**Ba**		0	5.73
30	7.58	40	5.48	0	6.33	20	5.38	100	7.63	X. 23. 8		20	5.73
40	7.53	50	5.43	10	6.38	30	5.38	110	7.13	0	4.53	30	5.73
60	7.33	60	5.38	20	6.38	40	5.38	125	5.48	5	4.58	40	5.73
80	6.93	82	4.68	40	6.23	50	5.23	160	4.93			50	5.68
100	6.83	100	4.38	50	5.78	60	4.93			**B1**		60	5.38
125	6.73	125	4.23	59	5.43	80	4.13	**A10**		X. 22. 17		80	4.33
150	5.53					100	3.93	X. 20. 10		0	5.48	111	4.03
163	4.63	**L11**		**L17**		125	3.78	0	8.28	10	5.43		
		X. 18. 6		X. 18. 12		150	3.78	20	8.28	20	5.38	**B7**	
		0	5.38	0	6.68	210	3.78	40	8.23	31	5.13	X. 22. 12	
L7		20	5.38	10	6.68			50	8.23			0	5.48
X. 17. 9		40	5.38	20	6.68	**A5**		60	8.23			10	5.48
0	7.78	50	5.38	30	6.63	X. 19. 16		80	8.18	**B2**		20	5.48
20	7.78	62	5.33	40	6.13	0	5.33	100	7.73	X. 22. 16		30	5.33
40	7.78	70	4.88	48	5.68	10	5.28	125	6.63	0	5.43	40	5.43
52	7.73	80	4.28			20	5.23	150	5.98	10	5.43	50	5.68
60	7.53	110	3.93	**L18**		30	5.18	190	5.58	20	5.43	60	4.99
80	6.98			X. 18. 13		40	5.18			30	5.43	79	4.48
100	6.53	**L12**		0	6.73	50	4.33			40	5.43		
125	6.13	X. 18. 7		10	6.73	60	4.08			50	4.63	**B8**	
150	5.53	0	5.93	20	6.68	80	3.93	**A11**		60	4.38	X. 22. 11	
175	4.83	10	5.98	30	6.68	100	3.83	X. 20. 11		80	3.88	0	6.98
205	4.38	20	5.98	33	6.63	125	3.78	0	8.23			7	5.98
						156	3.73	20	8.23	99	3.93	10	5.88

5. DIE BEOBACHTETEN TEMPERATUREN. 1900 UND 1901

m	t°	m	t°	m	t°	m	t°	m	t°	m	t°	m	t°	m	t°	m	t°	m	t°
20	5.68	**S2**		20	4.83	30	1.98	10	1.81	20	3.52	**A6**							
30	5.63	VI. 8. 17		30	4.39	40	1.99	20	1.79	36	3.75	VI. 8. 6							
40	5.48	0	15.41	36	3.93	50	1.99	30	1.78			0	2.69						
50	5.33	7	9.94			60	1.99	40	1.78	**A3**		10	2.69						
60	5.18			**L5**		80	1.99	50	1.79	VI. 7. 16		30	2.68						
80	4.48	**S3**		VI. 3. 17		100	1.99	61	1.80	0	2.81	50	2.68						
100	4.23	VI. 8. 17		0	2.93	125	2.00			10	2.56	80	2.69						
120	4.13	0	13.06	10	2.90	148	2.05	**L15**		20	2.56	107	2.69						
		5	5.08	20	2.89			VI. 4. 13		30	2.55								
B9		10	4.68	30	3.00	**L10**		0	1.99	40	2.56	**A7**							
X. 22. 10		20	4.37	40	3.08	VI. 4. 6		10	1.92	50	2.57	VI. 8. 7							
0	7.63	37	3.96	60	3.19	0	1.92	20	1.94	60	2.65	0	2.41						
10	7.63			80	3.34	10	1.91	30	1.95	80	2.81	10	2.39						
20	7.58	**S4**		96	3.49	20	1.90	40	1.95	100	2.88	20	2.39						
30	7.93	VI. 8. 16				30	1.89	50	1.93	111	2.99	30	2.40						
40	6.58	0	3.74	**L6**		40	1.89	72	1.93			40	2.41						
50	6.13	10	3.58	VI. 3. 18		50	1.88			**A4**		50	2.41						
60	5.78	20	3.56	0	2.39	60	1.88	**L16**		VI. 7. 17		60	2.42						
80	4.68	30	3.55	10	2.37	80	1.88	VI. 4. 14		0	2.29	80	2.42						
99	4.13	40	3.55	20	2.37	100	1.88	0	2.37	10	2.19	100	2.44						
		50	3.55	50	2.36	133	1.89	10	2.35	20	2.21	125	2.45						
B10		60	3.57	75	2.37			20	2.34	30	2.22	150	2.47						
X. 22. 9		80	3.64	100	2.38	**L11**		30	2.33	40	2.22	175	2.50						
0	8.03	89	3.74	125	2.37	VI. 4. 8		40	2.31	50	2.22	212	2.92						
10	8.03			150	2.40	0	1.92	53	2.42	60	2.22								
20	8.03	**L1a**		170	3.01	10	1.89			80	2.23	**A8**							
30	8.03	VI. 3. 15				20	1.88	**L17**		100	2.23	VI. 8. 9							
40	8.03	0	7.06	**L7**		30	1.87	VI. 4. 15		125	2.24	0	2.46						
50	7.48	5	5.44	VI. 3. 19		40	1.87	0	3.48	150	2.26	10	2.39						
59	6.58	10	4.46	0	2.35	50	1.87	10	3.43	175	2.28	20	2.37						
		15	4.44	10	2.22	60	1.86	20	3.42	201	2.95	30	2.37						
				20	2.19	80	1.86	35	3.43			40	2.36						
B11		**L1**		30	2.18	100	1.87			**A5**		50	2.36						
X. 22. 8		VI. 3. 16		40	2.18	121	2.13	**L18**		VI. 7. 18		60	2.37						
0	7.88	0	6.97	60	2.17			VI. 4. 16		0	2.45	80	2.40						
10	7.88	5	6.93	80	2.17	**L12**		0	4.76	10	2.41	100	2.43						
16	7.83	10	6.42	100	2.18	VI. 4. 9		10	4.42	20	2.40	125	2.45						
		15	6.38	125	2.19	0	2.07	20	4.23	30	2.40	150	2.49						
B12		20	5.24	150	2.21	10	2.06	30	4.17	40	2.41	175	2.54						
X. 22. 8				175	2.29	20	2.03			50	2.40	181	2.65						
0	7.93	**L2**		200	2.60	30	2.02	**L19**		60	2.40								
10	7.93	VI. 3. 16				40	2.01	VI. 4. 16		80	2.41	**A9**							
20	7.83	0	6.60	**L8**		50	2.01	0	5.59	100	2.40	VI. 8. 10							
		10	6.37	VI. 3. 21		60	2.01	5	5.16	125	2.42	0	2.69						
B13		15	5.79	0	2.01	70	2.01	10	4.92	150	2.46	10	2.59						
X. 22. 7		18	4.81	10	2.01			20	4.84	160	3.04	20	2.59						
0	7.88			20	2.00	**L13**						30	2.61						
10	7.88	**L3**		40	2.00	VI. 4. 10		**A1**		**A6**		40	2.63						
13	7.88	VI. 3. 16		60	2.00	0	1.90	VI. 7. 15		VI. 7. 20		51	2.88						
		0	5.73	80	2.00	10	1.85	0	9.78	0	2.71								
		10	5.09	100	2.00	20	1.84	5	5.13	10	2.70	**A10**							
1901		20	4.78	125	2.01	30	1.84	10	4.06	20	2.68	VI. 8. 11							
S1		30	4.24	150	2.01	40	1.85	20	3.96	30	2.68	0	2.67						
VI. 8. 18		42	4.08			50	1.85			40	2.68	10	2.67						
0	15.75			**L9**		60	1.86	**A2**		50	2.69	20	2.67						
5	10.93	**L4**		VI. 4. 5		68	1.87	VI. 7. 15		60	2.69	30	2.68						
10	9.39	VI. 3. 17		0	2.00			0	9.67	80	2.69	40	2.68						
23	7.98	0	5.04	10	1.99	**L14**		5	3.39	100	2.68	50	2.69						
		10	4.94	20	1.98	VI. 4. 12		10	3.37	110	2.69	60	2.70						
						0	1.83												

m	t°	m	t°	m	t°	m	t°	m	t°	m	t°
80	2.69	100	2.31	**B4**		100	2.12	10	2.72	10	2.54	**S1**	
100	2.71	125	2.33	VI. 5. 14		118	2.14	20	2.71	20	2.53	VII. 7. 14	
125	2.70	150	2.28	0	2.07			30	2.71	30	2.54	0	13.84
150	2.70	157	2.76	10	2.05	**B9**		40	2.71	40	2.54	10	11.65
175	2.70			20	2.05	VI. 5. 19		50	2.72	50	2.54	22	8.24
190	2.69	**K2**		30	2.07	0	2.13	60	2.72	68	2.53		
		VI. 7. 12		40	2.04	10	2.12	73	2.73			**S2**	
A11		0	2.24	50	2.04	20	2.12			**C7**		VII. 7. 14	
VI. 8. 12		10	2.17	60	2.03	30	2.12	**O3**		VI. 6. 13		0	13.33
0	2.72	20	2.16	80	2.04	40	2.11	VI. 6. 8		0	2.81	6	10.74
10	2.70	30	2.15	102	2.06	50	2.10	0	3.25	10	2.80		
20	2.70	40	2.11			60	2.11	10	3.22	20	2.80	**S3**	
30	2.70	50	2.00	**B5**		80	2.10	20	3.22	30	2.80	VII. 7. 14	
40	2.76	60	2.09	VI. 5. 15		103	2.24	30	3.27	40	2.79	0	11.50
50	2.80	80	2.09	0	2.19			46	3.38	50	2.79	10	9.49
60	2.83	100	2.09	10	2.14	**B10**				64	2.76	20	7.59
80	2.87	125	2.09	20	2.11	VI. 5. 20		**C1**				37	5.37
100	2.82	152	2.24	30	2.11	0	3.38	VI. 6. 20		**C8**			
113	2.70			40	2.11	10	3.37	0	9.54	VI. 6. 12		**S4**	
		Bb		50	2.10	20	3.42	5	7.48	0	2.99	VII. 7. 13	
A12		VI. 5. 10		60	2.10	30	3.43	11	6.72	10	2.93	0	10.64
VI. 8. 13		0	4.22	80	2.09	40	3.47			20	2.94	10	9.98
0	2.93	8	3.97	89	2.11	50	3.56	**C2**		30	2.93	20	6.36
10	2.86					62	3.67	VI. 6. 19		40	2.92	30	5.41
20	2.74	**Ba**		**B6**				0	5.47	51	2.93	40	4.80
30	2.73	VI. 5. 10.		VI. 5. 16		**B11**		10	4.80			50	4.29
40	2.75	0	3.18	0	2.18	VI. 5. 21		20	4.12	**C9**		60	4.19
50	2.78	5	3.12	5	2.10	0	5.81			VI. 6. 11		80	3.95
		14	3.11	10	2.05	5	4.53	**C3**		0	2.88	92	3.86
A13				20	2.05	13	4.19	VI. 6. 18		10	2.82		
VI. 8. 14		**B1**		30	2.06			0	3.31	20	2.81	**La**	
0	6.53	VI. 5. 11		40	2.02	**B12**		10	3.29	30	2.85	VII. 1. 6	
5	6.02	0	2.66	50	2.03	VI. 5. 21		20	3.24	40	2.87	0	5.74
10	3.89	10	2.71	60	2.10	0	6.26	31	3.26	50	2.89	5	4.50
22	3.86	20	2.75	84	2.17	10	5.14			66	2.96	10	4.46
		34	2.96			15	5.54	**C4**				15	4.19
A14				**B7**		20	5.63	VI. 6. 17		**C10**			
VI. 8. 14		**B2**		VI. 5. 18				0	1.91	VI. 6. 10		**L1**	
0	3.54	VI. 5. 11		0	2.15	**B13**		10	1.90	0	5.15	VII. 1. 6	
10	3.44	0	2.06	10	2.11	VI. 5. 22		20	1.89	5	4.16	0	8.81
20	3.43	10	2.04	20	2.11	0	9.84	30	1.89	10	4.02	5	5.63
30	3.43	20	2.03	30	2.11	5	8.98	40	1.88	20	3.79	10	5.06
40	3.45	30	2.02	40	2.12	10	8.10	50	1.87	34	3.82	21	4.23
50	3.47	40	2.02	50	2.12	15	6.65	60	1.87				
60	3.55	50	2.01	60	2.11			79	1.90	**C11**		**L2**	
80	3.64	60	2.02	80	2.12	**O1**				VI. 6. 10		VII. 1. 7	
101	3.79	80	2.02	91	2.13	VI. 6. 6		**C5**		0	8.27	0	6.81
		103	2.47			0	3.68	VI. 6. 16		10	6.39	5	5.82
K1				**B8**		10	3.66	0	2.32	20	5.36	13	4.97
VI. 7. 14		**B3**		VI. 5. 19		20	3.64	10	2.24	28	4.27		
0	2.34	VI. 5. 12		0	2.24	30	3.63	30	2.20			**L3**	
10	2.32	0	2.21	10	2.15	40	3.64	40	2.21	**C12**		VII. 1. 7	
20	2.31	10	2.11	20	2.15	50	3.66	50	2.21	VI. 6. 9		0	13.42
30	2.30	20	2.12	30	2.14	73	3.78	68	2.21	0	10.28	0	13.22
40	2.31	30	2.13	40	2.14					5	8.93	5	5.97
50	2.31	40	2.11	50	2.13	**O2**		**C6**		12	6.88	10	4.74
60	2.30	50	2.11	60	2.12	VI. 6. 7		VI. 6. 15				20	4.39
80	2.29	60	2.13	80	2.12	0	2.73	0	2.58				
		71	2.56										

5. DIE BEOBACHTETEN TEMPERATUREN. 1901.

m	t°	m	t°	m	t°	m	t°	m	t°	m	t°	m	t°
30	4.31	0	3.35	40	3.83	**L18**		**A5**		60	3.62	**A14**	
40	4.18	10	3.22	50	3.84	VII. 1. 21		VII. 5. 7		80	3.62	VII. 4. 14	
48	3.98	20	3.21	60	3.84	0	11.61	0	3.57	100	3.60	0	5.42
		30	3.20	72	3.83	5	7.31	10	3.53	150	3.60	10	5.11
L4		40	3.20			10	6.37	20	3.51	183	3.60	20	5.03
VII. 1. 7		50	3.20	**L13**		20	4.60	30	3.50			30	4.87
0	10.14	60	3.21	VII. 1. 16		30	4.59	40	3.50	**A9**		40	4.62
5	4.69	80	3.20	0	6.48			50	3.50	VII. 4. 17		50	4.22
10	4.34	100	3.20	5	4.23	**L19**		60	3.51	0	8.98	60	4.19
20	4.05	125	3.20	10	4.12	VII. 1. 22		80	3.52	10	8.97	80	4.14
30	4.03	150	3.21	20	3.97	0	12.54	100	3.52	20	8.90	108	4.18
40	3.94	175	3.21	30	3.93	5	11.90	125	3.53	30	7.49		
		200	3.21	40	3.92	10	8.49	150	3.54	46	3.25	**K1**	
L5		231	3.27	50	3.91	15	5.62	173	3.58			VII. 5. 11	
VII. 1. 8				60	3.89	21	5.30			**A10**		0	3.71
0	10.75	**L9**		70	3.85			**A6**		VII. 4. 17		10	3.66
5	4.96	VII. 1. 12				**A1**		VII. 4. 20		0	8.85	20	3.65
10	4.48	0	3.44	**L14**		VII. 5. 10		0	4.11	10	8.76	30	3.64
20	4.19	10	3.42	VII. 1. 17		0	9.49	10	4.10	20	8.63	40	3.66
30	4.05	20	3.38	0	5.59	5	8.33	20	4.06	30	7.19	50	3.68
40	3.97	30	3.37	5	4.44	10	6.48	30	4.05	35	5.99	60	3.74
50	3.94	40	3.37	10	4.25	25	5.94	40	3.90	40	5.40	80	3.78
60	3.94	50	3.37	20	3.99			50	3.86	50	4.16	100	3.79
80	3.93	60	3.36	30	3.96	**A2**		60	3.86	60	4.06	125	3.80
95	3.92	80	3.35	40	3.92	VII. 5. 10		80	3.85	80	3.98	148	3.78
		100	3.35	50	3.91	0	5.98	105	3.84	100	3.95		
L6		125	3.35	66	3.90	5	5.51			125	3.92		
VII. 1. 9		147	3.34			10	5.23	**A6**		150	3.89	**K2**	
0	3.53			**L15**		20	4.92	VII. 5. 6		175	3.83	VII. 5. 12	
10	3.41	**L10**		VII. 1. 18		35	4.74	0	4.08	191	3.80	0	3.75
20	3.41	VII. 1. 13		0	6.13			10	4.09			10	3.70
30	3.41	0	3.38	5	4.69	**A3**		30	4.08	**A11**		20	3.71
40	3.42	10	3.37	10	3.92	VII. 5. 9		40	3.96	VII. 4. 16		30	3.73
50	3.43	20	3.35	20	3.89	0	3.85	50	3.87	0	8.93	40	3.73
60	3.42	30	3.35	30	3.88	10	3.76	100	3.85	10	7.73	50	3.74
80	3.42	40	3.34	40	3.87	20	3.74			20	6.81	60	3.74
100	3.43	50	3.33	50	3.86	30	3.73	**A7**		30	5.91	80	3.73
125	3.43	60	3.33	60	3.84	40	3.72	VII. 4. 19		40	5.01	100	3.73
150	3.32			73	3.81	50	3.72	0	3.50	50	4.55	125	3.72
165	3.45	**L11**				60	3.71	10	3.48	60	4.42	142	3.71
		VII. 1. 14		**L16**		80	3.71	20	3.47	80	4.29		
L7		0	3.56	VII. 1. 9		98	3.72	30	3.47	104	4.20	**Bb**	
VII. 1. 10		10	3.53	0	8.25			40	3.48			VII. 2. 13	
0	3.43	20	3.53	5	6.48	**A4**		50	3.48	**A12**		0	10.10
10	3.31	30	3.53	10	4.99	VII. 5. 8		80	3.49	VII. 4. 15		8	8.04
20	3.31	40	3.52	20	4.00	0	3.55	100	3.49	0	6.68		
30	3.32	50	3.53	30	3.92	10	3.48	125	3.51	10	6.62	**Ba**	
40	3.32	60	3.49	40	3.90	20	3.49	150	3.53	20	5.19	VII. 2. 13	
50	3.33	80	3.48	54	3.86	30	3.48	175	3.57	30	4.77	0	7.79
60	3.33	100	3.48			40	3.48	203	3.60	40	4.60	5	7.07
80	3.34	121	3.49	**L17**		50	3.48			53	4.49	12	6.29
100	3.33			VII. 1. 20		60	3.48	**A8**					
125	3.33	**L12**		0	10.92	80	3.49	VII. 4. 18		**A13**		**B1**	
150	3.33	VII. 1. 15		5	6.88	100	3.49	0	3.62	VII. 4. 14		VII. 2. 13	
175	3.34	0	4.93	10	4.94	125	3.49	10	3.61	0	5.55	0	6.40
198	3.40	5	4.11	20	4.53	150	3.49	20	3.61	5	5.07	5	5.07
		10	3.94	30	4.93	175	3.50	30	3.62	10	5.52	10	4.82
L8		20	3.85			195	3.55	40	3.62	20	5.26	20	4.23
VII. 1. 11		30	3.84	43	3.98			50	3.63	26	5.24	35	4.48

5. DIE BEOBACHTETEN TEMPERATUREN. 1901.

m	t°	m	t°	m	t°	m	t°	m	t°	m	t°	m	t°
B2		**B7**		**B13**		**C4**		30	4.37	0	21.00	100	4.06
VII. 2. 14		VII 2. 19		VII. 2. 22		VII. 6. 8		40	4.16	10	13.32	150	4.02
0	6.69	0	4.72	0	15.42	0	4.28	50	4.01	14	6.05	211	3.97
5	4.41	10	3.69	5	15.95	10	4.30	65	4.03				
10	3.93	20	3.67	10	15.00	20	4.28			**L1**		**L8**	
20	3.87	30	3.66	15	6.36	30	4.26	**C10**		VIII. 19. 19		VIII. 19. 17	
30	3.85	40	3.65			40	4.24	VII. 6. 14		0	19.56	0	19.94
40	3.84	50	3.66	**O1**		50	4.25	0	7.65	10	9.61	5	17.19
50	3.85	60	3.66	VII. 6. 18		69	4.20	10	6.82	21	5.70	10	7.84
60	3.84	75	3.67	0	10.59			20	6.31			20	5.20
80	3.84			5	10.04	**C5**		25	5.48	**L2**		30	4.69
100	3.85	**B8**		10	10.00	VII. 6. 9		33	4.80	VIII. 19. 19		40	4.43
		VII. 2. 19		20	8.31	0	7.17			0	20.05	50	4.28
B3		0	4.55	25	5.06	10	6.98	**C11**		10	7.31	60	4.20
VII. 2. 15		10	3.57	30	4.25	15	5.91	VII. 6. 15				80	4.15
0	5.26	20	3.55	40	4.16	20	5.74	0	6.90	**L3**		100	4.09
10	4.12	30	3.55	50	3.95	30	4.94	10	6.05	VIII. 19. 19		150	4.05
20	4.04	40	3.57	60	3.95	40	4.80	24	5.07	0	19.66	200	4.00
30	3.93	50	3.60	78	3.94	50	4.58			10	14.06	227	3.98
40	3.94	60	3.60			66	4.43	**C12**		20	5.93		
50	3.93	80	3.61	**O2**				VII. 6. 15		30	5.26	**L9**	
60	3.95	114	3.63	VII. 6. 17		**C6**		0	7.31	40	4.98	VIII. 19. 15	
73	3.84			0	10.94	VII. 6. 10		5	7.02	48	4.80	0	20.10
		B9		5	10.51	0	6.13	12	5.76			5	18.78
B4		VII. 2. 20		10	8.50	10	6.00			**L5**		10	7.20
VII. 2. 16		0	12.87	20	7.48	20	5.44			VIII. 19. 18		20	4.27
0	4.64	5	9.02	25	6.47	30	5.26	**S1**		0	19.18	30	4.14
10	3.54	10	4.03	30	4.22	40	4.29	VIII. 20. 10		10	13.44	40	4.13
20	3.53	20	3.97	40	4.05	50	4.13	0	20.44	20	6.08	50	4.12
30	3.52	30	3.97	50	3.97	60	4.03	10	11.07	30	5.24	60	4.09
40	3.53	40	3.89	60	3.98	70	3.95	23	9.30	40	4.95	80	4.07
50	3.53	50	3.86	76	4.00					50	4.68	100	4.06
60	3.53	60	3.78			**C7**		**S2**		60	4.56	151	3.93
80	3.52	80	3.72	**O3**		VII. 6. 11		VIII. 20. 9		80	4.49		
99	3.52	105	3.66	VII. 6. 16		0	6.53	0	20.01	95	4.43	**L10**	
				0	8.14	10	6.37	7	18.45			VIII. 19. 14	
B5		**B10**		10	6.26	20	6.27			**L6**		0	19.45
VII. 2. 17		VII. 2. 21		20	5.04	30	5.95	**S3**		VIII. 19. 18		5	16.64
0	4.02	0	16.36	30	4.17	40	4.82	VIII. 20. 9		0	19.39	10	5.64
10	4.00	5	16.07	46	4.10	50	4.08	0	20.02	10	13.52	20	?2.29
20	3.84	10	9.68			62	3.84	10	10.59	20	6.31	30	4.21
30	3.83	20	5.90	**C1**				20	5.72	30	5.20	40	4.16
40	3.85	30	5.12	VII. 6. 5		**C8**		30	5.44	40	4.96	50	4.12
50	3.85	40	4.64	0	9.21	VII. 6. 12		40	5.01	50	4.61	60	4.08
60	3.84	52	4.34	10	9.20	0	8.61			60	4.48	80	4.04
71	3.82					10	8.25	**S4**		80	4.37	100	4.00
		B11		**C2**		15	6.77	VIII. 20. 8		100	4.26	130	3.96
B6		VII. 2. 22		VII. 6. 6		20	5.88	0	18.98	166	4.10		
VII. 2. 18		0	16.36	0	5.53	30	4.71	10	13.09			**L11**	
0	4.57	5	16.30	10	5.63	40	4.39	20	5.80	**L7**		VIII. 19. 12	
10	4.15	12	14.50	18	5.50	50	4.06	30	5.14	VIII. 19. 17		0	21.01
20	3.97					59	4.04	40	4.85	0	19.59	10	11.66
30	3.92	**B12**		**C3**				50	4.56	10	13.36	15	5.00
40	3.90	VII. 2. 22		VII. 6. 7		**C9**		60	4.39	20	5.05	20	4.26
50	3.90	0	16.10	0	4.88	VII. 6. 13		80	4.28	30	4.70	30	4.12
60	3.89	5	15.86	5	4.76	0	9.42	97	4.20	40	4.47	40	4.09
80	3.88	10	13.39	20	4.70	10	9.19			50	4.29	50	4.07
95	3.85	15	6.16	30	4.54	15	6.90	**La**		60	4.16	60	4.06
		21	4.39	41	4.53	20	5.14	VIII. 19. 20		80	4.08	80	4.04

5. DIE BEOBACHTETEN TEMPERATUREN. 1901.

m	t°	m	t°	m	t°	m	t°	m	t°	m	t°
100	4.02	60	4.46	80	4.14	**A3**		**A13**		**B1**		**B6**	
117	4.00	71	4.44	109	4.11	VIII. 15. 12		VIII. 15. 7		VIII. 16. 8		VIII. 16. 13	
						0	18.63	0	18.04	0	16.34	0	18.53
L12		**L16**		**A4**		5	16.49	5	17.90	10	10.46	5	15.02
VIII. 19. 11		VIII. 18. 12		VIII. 15. 16		10	7.69	10	9.60	20	6.70	10	8.89
0	20.12	0	21.07	0	17.22	30	5.21	20	5.82	34	5.45	20	4.65
5	17.21	10	18.48	5	14.44	40	4.61	28	5.03			30	4.34
10	8.24	15	9.42	10	4.61	50	4.34					40	4.14
20	6.67	20	7.65	20	4.15	60	4.20	**A14**		**B2**		50	4.03
30	5.73	30	5.34	30	4.10	80	4.11	VIII. 15. 7		VIII. 16. 9		60	4.01
40	5.24	40	4.65	40	4.08	100	4.06	0	17.79	0	14.40	77	3.98
50	4.73	50	4.53	50	4.08	150	4.03	5	17.74	5	9.47		
60	4.59	58	4.48	60	4.07	180	4.02	10	9.51	10	5.58	**B7**	
70	4.40			80	4.07			20	6.32	20	4.72	VIII. 16. 14	
		L17		100	4.06	**A9**		30	5.25	30	4.31	0	19.60
L12		VIII. 18. 11		150	3.97	VIII. 15. 11		40	4.99	40	4.23	5	17.51
VIII. 18. 17		0	20.05	214	3.83	0	18.00	50	4.84	50	4.01	10	7.67
0	21.10	10	19.23			5	17.30	60	4.78	60	4.00	20	5.67
5	17.11	20	9.19	**A5**		10	8.75	80	4.76	80	4.00	30	4.85
10	6.62	30	5.84	VIII. 15. 5		20	5.48	96	4.70	106	3.99	40	4.59
20	4.32	42	4.89	0	18.29	38	5.03					50	4.38
30	4.17			5	13.13			**K1**		**B3**		60	4.11
40	4.10	**L18**		10	6.28	**A10**		VIII. 15. 19		VIII. 16. 10		80	4.06
50	4.05	VIII. 18. 10		20	4.24	VIII. 15. 10		0	17.61	0	17.79	94	4.03
60	4.05	0	20.46	30	4.08	0	18.29	5	9.45	5	14.41		
83	4.04	10	18.94	40	4.04	5	15.64	10	4.85	10	5.43	**B8**	
		20	9.00	50	4.02	10	9.39	20	4.10	20	4.98	VIII. 16. 14	
L13		30	7.65	60	4.01	20	5.83	30	4.06	30	4.43	0	20.19
VIII. 18. 15				80	4.00	30	5.24	40	4.06	40	4.10	5	17.67
0	20.94	**L19**		100	4.00	40	5.09	50	4.06	50	3.97	10	7.62
10	13.03	VIII. 18. 9		160	3.92	50	4.85	60	4.06	60	3.96	20	4.84
20	5.58	0	20.10			60	4.75	80	4.04	82	3.96	30	4.52
30	4.67	10	18.03	**A6**		80	4.63	100	4.03			40	4.28
40	4.57	15	8.71	VIII. 15. 14		100	4.46	137	4.00	**B4**		50	4.12
50	4.54	21	6.73	0	18.90	150	4.20			VIII. 16. 11		60	4.07
60	4.47			5	14.19	186	4.13	**K2**		0	18.88	80	4.06
71	4.44	**A1**		10	6.04			VIII. 15. 20		5	13.04	100	4.04
		VIII. 15. 17		20	4.61	**A11**		0	15.91	10	5.34	112	4.01
L14		0	16.97	30	4.48	VIII. 15. 9		5	7.89	20	4.28		
VIII. 18. 14		10	12.62	40	4.34	0	18.48	10	4.44	30	4.01	**B9**	
0	20.97	23	5.54	50	4.25	5	17.16	20	4.05	40	4.00	VIII. 16. 15	
10	9.95			60	4.24	10	15.12	30	4.04	50	3.99	0	20.33
20	5.12	**A2**		80	4.23	20	5.93	40	4.01	60	3.98	5	17.84
30	4.53	VIII. 15. 17		100	4.23	30	4.96	50	4.00	80	3.98	10	9.27
40	4.47	0	16.94			40	4.83	60	4.00	99	3.96	20	6.05
50	4.42	10	12.73	**A7**		50	4.73	80	3.98			30	5.15
60	4.42	20	7.76	VIII. 15. 13		60	4.61	100	3.98	**B5**		40	4.68
69	4.40	32	5.14	0	19.24	80	4.40	138	4.00	VIII. 16. 11		50	4.44
				5	16.51	102	4.23			0	19.57	60	4.29
L15		**A3**		10	13.39			**Bb**		5	17.14	80	4.23
VIII. 18. 13		VIII. 15. 17		20	5.63	**A12**		VIII. 16. 7		10	5.49	100	4.21
0	21.18	0	17.47	30	4.53	VIII. 15. 8		0	16.06	20	4.10		
10	16.45	10	9.90	40	4.27	0	18.23	7	13.97	30	4.03	**B10**	
15	7.99	20	4.93	50	4.17	10	13.49			40	4.01	VIII. 16. 16	
20	5.68	30	4.49	60	4.10	20	5.88			50	4.00	0	19.87
30	5.00	40	4.29	80	4.04	30	5.30	**Ba**		60	4.00	5	17.28
40	4.77	50	4.18	100	4.00	40	4.98	VIII. 16. 8				10	5.52
50	4.49	60	4.16	150	3.97	50	4.85	0	16.20	79	3.98	20	4.98
				214	3.93	59	4.71	12	10.10			30	4.50

5. DIE BEOBACHTETEN TEMPERATUREN. 1901.

m	t°	m	t°	m	t°	m	t°	m	t°	m	t°
40	4.20	**C2**		**C8**		20	11.17	50	4.58	**L10**	
50	4.07	VIII. 17. 18		VIII. 17. 11		30	5.39	60	4.49	IX. 13. 14	
64	4.08	0	20.80	0	20.21	41	4.80	80	4.31	0	11.59
B11		10	9.16	10	18.66			95	4.24	10	10.86
VIII. 16. 16		20	6.00	15	8.83	**S4**		**L6**		20	9.69
0	20.29	30	5.43	20	7.70	IX. 23. 12		IX. 13. 10		30	6.01
5	12.37			30	5.73	0	12.03	0	12.84	40	4.84
13	4.85	**C3**		40	4.77	10	11.72	10	11.77	50	4.09
		VIII. 17. 17		50	4.55	20	11.28	20	9.24	60	4.03
B12		0	21.03	60	4.45	30	8.04	30	5.04	80	4.00
VIII. 16. 16		10	11.79			40	5.77	40	4.70	100	3.97
0	18.15	20	5.21	**C9**		50	5.06	50	4.49	140	3.96
5	14.97	30	5.09	VIII. 17. 10		60	4.86	60	4.35		
10	5.90	38	5.06	0	19.93	80	4.66	80	4.23	**L11**	
21	5.05			10	17.87	95	4.60	100	4.15	IX. 13. 15	
		C4		15	9.04			150	4.03	0	11.61
B13		VIII. 17. 15		20	6.76	**L1a**		181	3.92	10	11.13
VIII. 16. 17		0	21.24	30	5.85	IX. 13. 7				20	9.02
0	20.39	10	16.41	40	5.11	0	13.27	**L7**		30	7.48
5	13.44	20	5.47	50	4.61	13	11.17	IX. 13. 11		40	4.29
10	5.27	30	4.95	67	4.34			0	13.21	50	4.02
15	5.23	40	4.69			**L1**		10	12.58	60	3.99
		50	4.45	**C10**		IX. 13. 8		20	8.95	80	3.99
O1		60	4.43	VIII. 17. 9		0	13.17	30	5.49	100	3.94
VIII. 17. 4		72	4.43	0	19.52	5	13.14	40	4.97	123	3.93
0	19.35			10	16.44	10	11.98	50	4.74		
5	18.73	**C5**		15	7.77	21	7.92	60	4.57	**L12**	
10	10.04	VIII. 17. 14		20	6.30			80	4.36	IX. 13. 16	
20	5.29	0	21.12	33	5.29	**L2**		100	4.19	0	11.74
30	4.83	10	13.60			IX. 13. 8		150	3.98	10	11.34
40	4.57	20	5.66	**C11**		0	13.20	219	3.79	20	9.20
50	4.50	30	5.13	VIII. 17. 9		13	12.61			30	6.32
60	4.28	40	4.83	0	18.73			**L8**		40	5.35
73	4.08	50	4.55	10	9.99	**L3**		IX. 13. 12		50	4.93
		60	4.54	15	6.96	IX. 13. 8		0	12.97	60	4.51
O2		73	4.53	23	5.71	0	13.48	10	12.66	76	4.30
VIII. 17. 6				**C12**		10	11.72	20	10.23		
0	19.09	**C6**		VIII. 17. 8		15	10.16	30	5.56	**L13**	
10	17.60	VIII. 17. 13		0	18.85	20	6.62	40	5.06	IX. 13. 17	
20	6.09	0	20.77	5	10.85	30	5.27	50	4.79	0	11.77
30	5.49	10	13.27	9	9.18	47	4.82	60	4.58	10	11.43
40	5.13	20	5.96					80	4.42	20	10.44
50	4.89	30	5.44	**S1**		**L4**		100	4.30	30	6.50
62	4.43	40	4.75	IX. 23. 13		IX. 13. 9		150	4.02	40	5.08
		50	4.64	0	12.90	0	13.40	221	3.89	50	4.70
O3		63	4.04	10	12.56	10	11.59			64	4.49
VIII. 17. 7				23	8.72	15	10.09	**L9**			
0	19.14	**C7**				20	7.21	IX. 13. 13		**A1**	
10	11.69	VIII. 17. 12		**S2**		30	5.40	0	12.12	IX. 16. 14	
20	5.96	0	21.11	IX. 23. 13		45	4.37	10	10.14	0	11.96
30	4.62	10	18.46	0	12.51			20	9.68	10	11.48
48	4.43	15	9.66	6	12.25	**L5**		30	7.42	20	9.09
		20	7.12			IX. 13. 9		40	5.44		
C1		30	5.44	**S3**		0	13.42	50	4.73	**A2**	
VIII. 17. 19		40	4.63	IX. 23. 13		10	10.95	60	4.42	IX. 16. 14	
0	17.98	50	4.29	0	12.43	15	8.33	80	4.19	0	11.72
5	9.23	58	4.23	10	11.81	20	6.21	100	4.02	10	9.84
12	6.63					30	5.02	147	3.98	20	7.94
						40	4.77	70	4.32	35	5.78

(Additional entries visible in column 6:)
- **L15** IX. 14. 9: 0|11.37, 10|11.06, 20|8.02, 30|5.74, 40|5.15, 50|4.57, 60|4.48, 71|4.39
- **L16** IX. 14. 10: 0|11.13, 10|10.53, 20|5.89, 30|4.61, 40|4.49, 55|4.41
- **L17** IX. 14. 11: 0|11.22, 10|10.55, 20|8.64, 30|6.42, 39|5.23
- **L18** IX. 14. 12: 0|12.45, 10|10.67, 20|9.64, 30|8.59
- **L19** IX. 14. 12: 0|12.69, 10|12.06, 17|11.11
- **L19a** IX. 14. 13: 0|13.10, 12|12.20

5. DIE BEOBACHTETEN TEMPERATUREN. 1901.

m	t°	m	t°	m	t°	m	t°	m	t°	m	t°
A3		60	4.66	20	7.47	**Bb**		**B6**		**B12**		50	4.41
IX. 16. 14		80	4.38	30	5.94	IX. 21. 19		IX. 21. 14		IX. 21. 10		60	4.38
0	11.48	102	4.26	40	5.25	0	8.93	0	11.59	0	11.68	73	4.37
10	11.41			50	4.94	7	7.90	10	11.33	10	11.63		
20	8.50	**A7**		60	4.74			20	8.85	20	11.49	**C5**	
30	6.88	IX. 17. 9		80	4.58	**Ba**		30	6.12			IX. 22. 9	
40	4.64	0	10.98	113	4.47	IX. 21. 19		40	4.52	**B13**		0	11.52
50	4.54	10	10.89			0	8.87	50	4.07	IX. 21. 10		10	11.38
60	4.42	15	6.63	**A12**		12	6.09	60	4.02	0	11.66	20	6.97
80	4.20	20	5.72	IX. 17. 13				89	3.96	10	11.62	30	4.95
110	4.03	30	4.86	0	12.08	**B1**				16	11.44	40	4.62
		40	4.67	10	12.01	IX. 21. 18		**B7**				50	4.42
A4		50	4.57	20	7.69	0	10.79	IX. 21. 13		**O2**		67	4.35
IX. 16. 15		60	4.34	30	5.05	10	7.72	0	11.67	IX. 22. 15			
0	11.62	80	4.21	46	4.85	20	6.63	10	11.49	0	13.07	**C6**	
10	11.62	100	4.13			35	4.72	20	10.14	10	12.02	IX. 22. 10	
20	10.34	150	3.99	**A13**				30	5.56	20	11.49	0	11.87
30	9.42	209	3.91	IX. 17. 14		**B2**		40	4.74	30	7.02	10	11.44
40	7.43			0	12.21	IX. 21. 18		50	4.41	40	5.64	20	10.14
50	6.84	**A8**		10	12.03	0	12.24	60	4.18	50	4.98	30	5.33
60	4.76	IX. 17. 10		23	10.82	10	8.60	82	4.00	60	4.81	40	4.70
80	4.44	0	12.15			20	6.47			76	4.43	50	4.54
100	4.26	10	12.09	**A14**		30	4.66	**B8**				64	4.51
150	4.01	20	8.15	IX. 17. 14		40	4.16	IX. 21. 12		**C1**			
201	3.95	30	5.49	0	12.26	50	3.99	0	11.45	IX. 16. 6		**C7**	
		40	4.98	10	12.12	60	3.98	10	11.26	0	12.27	IX. 22. 11	
A5		50	4.66	20	11.93	80	3.98	20	10.09	11	11.46	0	11.70
IX. 16. 16		60	4.49	30	8.78	101	3.95	30	7.48			10	11.11
0	12.66	80	4.35	40	7.46			40	4.90	**C2**		20	9.47
10	12.64	100	4.24	50	6.48	**B3**		50	4.44	IX. 16. 7		30	5.86
20	12.60	150	4.05	60	5.96	IX. 21. 17		60	4.16	0	12.18	40	4.81
30	8.49	172	3.97	80	4.85	0	11.91	80	3.99	10	12.14	50	4.51
40	6.11			104	4.11	10	11.66	117	3.95	20	9.72	59	4.50
50	4.77	**A9**				20	9.12						
60	4.59	IX. 17. 11		**K1**		30	5.33	**B9**		**C3**		**C8**	
80	4.33	0	11.86	IX. 16. 13		40	4.52	IX. 21. 11		IX. 16. 8		IX. 22. 12	
100	4.09	10	11.65	0	10.20	50	4.17	0	11.57	0	12.13	0	11.82
166	3.97	20	5.98	10	10.14	65	4.15	10	11.30	10	11.92	10	11.32
		37	4.83	20	7.62			20	9.48	20	9.07	20	10.96
A6				30	6.32	**B4**		30	7.14	30	6.97	30	7.70
IX. 16. 17		**A10**		40	5.50	IX. 21. 16		40	4.91	41	5.12	40	5.06
0	12.35	IX. 17. 12		50	4.39	0	11.90	50	4.48			49	4.88
10	10.44	0	11.76	60	4.25	10	11.24	60	4.22	**C3**			
20	8.92	10	11.33	80	4.07	20	10.47	80	4.04	IX. 22. 7		**C9**	
30	5.92	15	7.16	100	4.01	30	8.24	97	4.00	0	12.07	IX. 22. 13	
40	5.10	20	5.87	159	3.97	40	6.29			10	11.69	0	12.13
50	4.78	30	5.30			50	5.52	**B10**		20	8.72	10	11.56
60	4.68	40	4.90	**K2**		60	4.22	IX. 21. 11		30	6.86	20	11.35
80	4.40	50	4.72	IX. 16. 12		88	4.13	0	11.75	40	5.58	30	9.31
105	4.29	60	4.59	0	11.45			10	11.69	49	4.86	40	5.55
		80	4.42	10	11.43	**B5**		20	11.44			50	4.48
A6		100	4.29	20	8.21	IX. 21. 15		30	7.73	**C4**		60	4.36
IX. 17. 7		150	4.19	30	7.09	0	11.96	46	6.30	IX. 22. 8		68	4.32
0	11.74	190	4.13	40	5.48	10	11.44			0	11.67		
10	10.79			50	4.37	20	8.70			10	11.06	**C10**	
20	7.86	**A11**		60	4.18	30	7.69	**B11**		20	8.63	IX. 22. 14	
30	5.16	IX. 17. 13		80	4.08	40	5.40	IX. 21. 10		30	5.44	0	12.34
40	4.97	0	11.73	100	4.02	50	4.67	0	11.68	40	4.62	10	11.72
50	4.71	10	11.62	152	3.96	60	4.24	13	11.65				
						70	4.15						

5. DIE BEOBACHTETEN TEMPERATUREN. 1901.

m	t°	m	t°	m	t°	m	t°	m	t°	m	t°	m	t°
20	10.15	**La**		**L7**		30	7.96	**L17**		**A5**		**A10**	
32	6.09	X. 24. 7		X. 24. 11		40	7.57	X. 25. 13		X. 27. 10		X. 27. 15	
		0	8.95	0	9.14	50	6.51	0	8.46	0	8.61	0	8.94
C11		14	8.93	10	9.18	60	5.36	10	8.47	10	8.61	10	8.94
IX. 22. 14				20	9.04	80	5.07	20	8.45	20	8.60	20	8.87
0	12.17	**L1**		30	8.52	100	4.25	30	7.28	30	8.54	30	8.75
10	11.51	X. 24. 7		40	8.43	119	4.14	42	5.46	40	7.35	40	8.62
24	9.59	0	9.11	50	8.36					50	6.02	50	8.46
		10	9.04	60	7.98	**L12**		**L18**		80	5.15	60	8.27
C12		21	8.96	80	6.23	X. 24. 17		X. 25. 14		160	4.66	80	7.29
IX. 22. 14				100	5.37	0	8.83	0	8.41	161	4.07	100	6.96
0	11.72	**L2**		150	4.66	10	8.82	10	8.41			125	6.04
15	10.31	X. 24. 8		216	4.12	20	8.78	20	8.24	**A6**		150	5.26
		0	9.25			30	7.76	34	7.84	X. 27. 11		188	5.22
M1		5	9.21	**L8**		40	6.75			0	9.06		
IX. 14. 14		14	8.91	X. 24. 12		50	5.78	**L19**		10	9.03	**A11**	
0	12.88			0	9.11	60	5.06	X. 25. 15		20	9.00	X. 27. 15	
11	11.94	**L3**		10	9.13	74	4.17	0	8.36	30	8.80	0	8.87
		X. 24. 8		20	9.13			10	8.36	40	8.77	10	8.86
M2		0	9.41	30	8.94	**L13**		20	8.35	50	8.73	20	8.84
IX. 14. 15		10	9.41	40	7.64	X. 25. 9				60	8.61	30	8.76
0	12.52	20	9.33	50	6.96	0	8.61	**A1**		80	5.61	40	8.64
10	10.91	30	9.29	60	6.37	10	8.63	X. 27. 7		109	4.74	50	8.48
20	9.45	46	8.96	80	5.43	20	8.61	0	8.59			60	8.36
30	8.25			100	5.13	30	7.66	10	8.61	**A7**		80	7.81
		L4		150	4.82	40	6.75	20	8.46	X. 27. 12		110	6.44
		X. 24. 8		222	4.17	50	5.77			0	9.19		
S1		0	9.50			60	5.05	**A2**		10	9.19	**A12**	
X. 28. 10		10	9.52	**L9**		70	4.74	X. 27. 7		20	9.16	X. 27. 16	
0	9.04	20	9.54	X. 24. 13				0	8.69	30	9.13	10	8.86
10	9.00	30	9.35	0	8.96	**L14**		10	8.70	40	8.76	20	8.85
20	8.86	40	9.10	10	8.97	X. 25. 10		20	8.67	50	8.70	30	8.85
		50	8.90	20	8.96	0	8.66	36	7.96	60	8.20	42	8.21
				30	8.87	10	8.66			80	7.07		
S2		**L5**		40	7.56	20	8.65	**A3**		100	5.78	**A14**	
X. 28. 10		X. 24. 9		50	7.14	30	7.58	X. 27. 8		150	4.84	X. 27. 17	
0	8.98	0	9.56	60	6.18	40	6.85	0	8.82	210	4.22	0	8.91
5	8.97	10	9.57	80	5.34	50	6.78	10	8.82			10	8.91
		20	9.41	100	5.36	60	5.24	20	8.83	**A8**		20	8.90
S3		30	9.17	145	4.38	69	4.85	30	8.83	X. 27. 13		30	8.87
X. 28. 9		40	9.03					40	8.82	0	9.12	40	8.80
0	8.97	50	8.69	**L10**		**L15**		50	7.65	10	9.13	50	8.66
10	8.97	60	8.27	X. 24. 14		X. 25. 11		80	5.96	20	9.13	60	8.39
20	8.95	80	4.94	0	8.96	0	8.60	111	5.28	30	8.91	80	8.06
30	8.81	91	4.87	10	8.97	10	8.61			40	8.75	101	7.16
42	7.95			20	8.95	20	8.57			50	8.61		
		L6		30	7.95	30	7.94	**A4**		60	8.33	**K1**	
		X. 24. 10		40	7.08	40	6.68	X. 27. 9		80	7.92	X. 26. 16	
S4		0	9.41	50	6.84	50	5.75	0	8.83	125	6.26	0	7.81
X. 28. 9		10	9.41	60	5.47	68	4.86	10	8.83	150	5.00	10	7.77
0	8.94	20	9.40	80	4.99			20	8.82	176	4.52	20	7.44
10	8.93	30	9.40	100	4.87	**L16**		30	8.79			30	6.05
20	8.91	40	9.16	134	4.16	X. 25. 12		40	8.76			40	4.94
30	8.86	50	8.87			0	8.55	50	8.17	**A9**		50	4.69
40	8.77	60	8.65	**L11**		10	8.55	60	7.59	X. 27. 14		100	4.28
50	8.56	80	7.98	X. 24. 16		20	8.54	80	5.66	0	8.86	150	4.07
60	8.16	100	6.71	0	8.95	30	7.97	100	4.81	10	8.87		
80	7.60	125	5.20	10	8.95	40	6.57	150	4.17	20	8.84	**K2**	
93	6.52	167	4.42	20	8.95	57	4.98	210	3.97	32	8.44	X. 26. 14	

5. DIE BEOBACHTETEN TEMPERATUREN. 1901 UND 1902.

m	t°	m	t°	m	t°	m	t°	m	t°	m	t°
0	8.00	50	7.19	50	7.96	50	1.78	100	2.23	80	2.15	**L15**	
10	8.04	60	6.34	60	7.18	60	1.81	125	2.59	100	2.59	VI. 7. 12	
20	7.98	80	4.78	80	5.49	89	2.05	153	3.03	136	2.91	0	1.09
30	7.27	99	4.09	99	5.08							10	1.03
40	6.31					**La**		**L7**		**L11**		20	1.01
50	5.28	**B5**		**B10**		VI. 2. 21		VI. 2. 17		VI. 2. 9		30	1.01
60	5.08	X. 31. 14		X. 31. 9		0	4.31	0	1.27	0	0.88	40	1.01
80	5.03	0	8.60	0	8.51	13	4.20	10	1.25	10	0.87	50	1.00
100	4.40	10	8.59	10	8.52			20	1.25	20	0.88	60	1.57
145	4.06	20	8.56	20	8.46	**L1**		30	1.28	30	0.88	68	1.89
		30	7.99	30	8.31	VI. 2. 21		40	1.39	40	0.94		
Bb		40	7.40	40	8.14	0	4.23	50	1.70	50	1.08	**L16**	
X. 31. 17		50	6.48	51	7.88	10	4.24	60	1.93	60	1.92	VI. 7. 14	
0	7.76	60	5.37			18	4.16	80	2.25	80	2.39	0	1.15
6	7.75	76	4.25	**B11**				100	2.53	103	2.67	10	1.13
				X. 31. 9		**L2**		125	2.77			20	1.12
Ba		**B6**		0	8.36	VI. 2. 21		150	2.93	**L12**		30	1.12
X. 31. 17		X. 31. 13		13	8.37	0	3.16	175	2.96	VI. 2. 11		40	1.12
0	7.87	0	8.58			10	4.08	218	3.08	0	0.83	52	1.18
13	7.71	10	8.58	**B12**		14	4.24			10	0.83		
		20	8.56	X. 31. 8				**L8**		20	0.83	**L17**	
B1		30	8.17	0	8.38	**L3**		VI. 2. 15		30	0.85	VI. 7. 15	
X. 31. 17		40	7.51	10	8.39	VI. 2. 20		0	1.18	40	0.87	0	1.77
0	7.86	50	6.58	20	8.36	0	2.39	10	1.17	50	0.97	10	1.76
10	7.86	60	5.76			10	2.45	20	1.16	60	1.19	20	1.76
20	7.38	80	4.56	**B13**		20	2.50	30	1.16	70	2.00	35	1.82
30	6.64	91	4.31	X. 31. 8		30	2.95	40	1.15				
40	5.88			0	8.34	47	3.33	50	1.16			**L18**	
		B7		10	8.36			60	1.20	**L12**		VI. 7. 16	
B2		X. 31. 12		15	8.35	**L4**		80	2.00	VI. 7. 9		0	1.81
X. 31. 17		0	8.72			VI. 2. 20		100	2.36	0	1.18	10	1.81
0	7.94	10	8.75			0	2.01	125	2.63	10	1.15	20	1.81
10	7.96	20	8.71	**1902**		10	2.03	150	2.80	20	1.15	28	1.82
20	7.92	30	8.40			20	2.20	175	2.90	30	1.15		
30	7.56	40	7.93	**S1**		30	2.73	219	3.11	40	1.16	**L19**	
40	7.11	50	6.84	VI. 3. 10		37	3.15			50	1.20	VI. 7. 17	
50	5.98	60	5.24	0	7.04			**L9**		68	1.76	0	3.88
60	5.63	80	4.42	10	6.05	**L5**		VI. 2. 14				10	3.88
80	5.02			19	5.59	VI. 2. 19		0	1.08			14	3.88
96	4.11	**B8**				0	1.74	10	1.06	**L13**			
		X. 31. 11		**S2**		10	1.73	20	1.05	VI. 7. 10		**A1**	
B3		0	8.57	VI. 3. 10		20	1.72	30	1.05	0	1.16	VI. 5. 11	
X. 31. 16		10	8.56	0	6.86	30	1.72	40	1.04	10	1.13	0	4.78
0	8.04	20	8.56	6	6.85	40	1.80	50	1.05	20	1.11	10	4.26
10	8.06	30	8.46			50	2.02	60	1.09	30	1.12	24	4.52
20	8.01	40	7.46	**S3**		60	2.35	80	1.87	40	1.12		
30	7.61	50	6.39	VI. 3. 11		80	2.49	100	2.42	50	1.16	**A2**	
40	6.94	60	5.94	10	2.14	95	2.60	125	2.76	67	1.58	VI. 5. 10	
50	5.68	80	5.41	20	2.27			147	2.92			0	2.76
60	4.95	100	4.92	30	2.33	**L6**				**L14**		10	2.75
72	4.21	122	4.46	39	3.40	VI. 2. 18		**L10**		VI. 7. 11		20	2.75
						0	1.52	VI. 2. 13		0	0.98	36	2.78
B4		**B9**		**S4**		10	1.51	0	0.97	10	0.98		
X. 31. 15		X. 31. 10		VI. 3. 11		20	1.50	10	0.94	20	0.97	**A3**	
0	8.14	0	8.52	0	1.74	30	1.50	20	0.91	30	0.97	VI. 5. 10	
10	8.14	10	8.53	10	1.73	40	1.50	30	0.92	40	0.97	0	2.23
20	8.13	20	8.53	20	1.72	50	1.50	40	0.92	50	0.97	10	2.19
30	7.98	30	8.49	30	1.73	60	1.52	50	0.94	60	1.54	20	2.19
40	7.77	40	8.26	40	1.73	80	1.72	60	0.97	66	1.87	30	2.19

5. DIE BEOBACHTETEN TEMPERATUREN. 1902.

m	t°	m	t°	m	t°	m	t°	m	t°	m	t°	m	t°	m	t°
40	2.26	10	1.50	**A12**		**Ba**		0	1.09	60	1.67	20	1.44		
50	2.33	20	1.50	VI. 4. 14		VI. 2. 4		10	1.08	82	2.01	30	1.45		
60	2.45	30	1.51	0	1.57	0	2.66	20	1.08			40	1.46		
80	2.77	40	1.51	10	1.54	12	3.62	30	1.08	**O2**		50	1.48		
97	2.83	50	1.64	20	1.49			40	1.09	VI. 8. 17		60	1.67		
		60	1.73	30	1.53	**B1**		50	1.10	0	1.81	67	1.86		
A4		80	2.10	46	1.51	VI. 2. 5		60	1.36	10	1.78				
VI. 5. 9		100	2.48			0	1.99	86	2.60	20	1.78	**C7**			
0	1.86	150	2.88	**A13**		10	1.85			30	1.78	VI. 8. 11			
10	1.82	219	3.04	VI. 4. 14		20	1.99	**B7**		40	1.79	0	1.74		
20	1.83			0	1.90	30	2.14	VI. 6. 15		50	1.81	10	1.72		
30	1.83	**A8**		10	1.87			0	1.07	60	1.83	20	1.72		
40	1.83	VI. 4. 18		20	1.88	**B2**		10	1.08	73	1.90	30	1.72		
50	1.84	0	1.43			VI. 2. 5		20	1.08			40	1.72		
60	1.86	10	1.42			0	1.55	30	1.08	**C1**		50	1.73		
80	2.51	20	1.41	**A14**		10	1.54	40	1.08	VI. 8. 4		60	1.74		
100	2.88	30	1.41	VI. 4. 13		30	1.54	50	1.09	0	9.38				
125	3.10	40	1.42	0	1.60	40	1.55	60	1.33	8	5.74				
150	3.22	50	1.44	10	1.55	50	1.57	74	2.52			**C8**			
175	3.27	60	1.84	20	1.55	60	1.68			**C2**		VI. 8. 12			
202	3.37	80	2.21	40	1.57	80	2.42	**B8**		VI. 8. 5		0	1.82		
		100	2.48	50	1.64	106	3.28	VI. 6. 16		0	2.77	10	1.81		
A5		125	2.76	60	1.69			0	1.06	10	2.70	20	1.81		
VI. 5. 7		150	2.87	80	1.86	**B3**		10	0.97	26	2.91	30	1.81		
0	1.81	182	2.90	94	2.03	VI. 2. 6		20	0.96			40	1.81		
10	1.79					0	1.35	30	0.96	**C3**		52	1.83		
20	1.78	**A9**		**K1**		10	1.34	40	0.96	VI. 8. 6					
30	1.78	VI. 4. 16		VI. 5. 12		20	1.34	50	0.97	0	1.63	**C9**			
40	1.78	0	1.53	0	2.08	30	1.35	60	1.23	10	1.78	VI. 8. 13			
50	1.77	10	1.48	10	2.06	40	1.35	80	2.32	20	1.80	0	1.93		
60	1.78	20	1.48	20	2.05	50	1.35	100	2.53	30	1.80	10	1.91		
80	2.25	33	1.64	30	2.04	60	1.36	119	2.83	40	1.80	20	1.92		
100	2.71			40	2.04	74	2.43					30	1.97		
125	3.01	**A10**		50	2.04			**B11**		**C4**		40	2.11		
158	3.28	VI. 4. 16		60	2.04	**B4**		VI. 8. 20		VI. 8. 7		50	2.33		
		0	1.61	80	2.11	VI. 2. 7		0	3.52	0	1.15	66	3.03		
A6		10	1.57	100	3.02	0	1.25	10	3.50	10	1.21				
VI. 5. 6		20	1.56	125	3.11	10	1.25	19	3.48	20	1.22	**C10**			
0	1.79	30	1.58	155	3.31	20	1.25			30	1.22	VI. 8. 14			
20	1.80	40	1.59			30	1.27	**B12**		40	1.23	0	2.85		
30	1.80	50	1.73	**K2**		40	1.29	VI. 8. 20		50	1.23	10	2.81		
50	1.80	60	1.79	VI. 5. 14		50	1.29	0	3.64	60	1.35	20	3.02		
80	2.19	80	1.91	0	1.94	60	1.31	10	3.64	73	1.70	30	3.31		
98	3.08	100	2.16	10	1.92	80	2.13	20	3.75						
		125	2.53	20	1.94	99	2.86			**C5**		**C11**			
A6		150	2.72	30	1.89			**B13**		VI. 8. 8		VI. 8. 15			
VI. 4. 21		189	2.81	40	1.88	**B5**		VI. 8. 21		0	1.09	0	5.83		
0	1.80			50	1.88	VI. 2. 8		0	4.49	10	1.08	10	5.54		
10	1.80	**A11**		60	1.92	0	1.11	10	4.47	20	1.07	21	4.94		
20	1.79	VI. 4. 15		80	2.44	10	1.08	16	4.51	30	1.07				
30	1.79	0	1.69	100	2.91	20	1.08			40	1.08	**C12**			
40	1.80	10	1.67	125	3.06	30	1.10	**O1**		50	1.10	VI. 8. 15			
50	1.80	20	1.67	149	3.26	40	1.13	VI. 8. 18		60	1.61	0	5.54		
60	1.80	30	1.68			50	1.23	0	1.44	68	2.00	12	5.25		
80	2.26	40	1.68	**Bb**		60	1.43	10	1.43						
102	3.10	50	1.73	VI. 2. 4		75	2.15	20	1.42	**C6**		**M1**			
		60	1.75	0	4.45			30	1.44	VI. 8. 10		VI. 7. 18.			
A7		80	1.89	6	4.35	**B6**		40	1.48	0	1.43	0	2.40		
VI. 4. 20		105	2.07			VI. 6. 14		50	1.57	10	1.44	11	2.38		
0	1.51														

5. DIE BEOBACHTETEN TEMPERATUREN. 1902.

m	t°	m	t°	m	t°	m	t°	m	t°	m	t°
M2		80	2.96	80	2.74	0	3.40	40	3.17	50	2.96	10	3.79
VI. 7. 19		100	2.97	100	2.75	10	3.37	50	3.16	60	2.99	20	3.79
0	2.25	125	2.99	136	2.95	20	3.36	60	3.16	80	3.09	30	3.79
10	2.24	165	3.40			30	3.35	80	3.15	100	3.12	40	3.78
20	2.24			**L11**		40	3.35	100	3.16	125	3.18	50	3.78
30	2.27	**L7**		VI. 26. 18		52	3.35	125	3.16	150	3.26	60	3.78
		VI. 27. 9		0	2.77			150	3.16	171	3.37	80	3.78
		0	2.96	10	2.75	**L17**		175	3.20			103	3.80
La		10	2.88	20	2.75	VI. 26. 11		206	3.36	**A9**			
VI. 27. 13		20	2.87	30	2.75	0	7.54			VI. 25. 8		**K1**	
0	4.99	30	2.87	40	2.75	10	7.42	**A5**		0	2.87	VI. 25. 20	
12	4.70	40	2.88	50	2.76	20	7.29	VI. 25. 14		10	2.85	0	3.17
		50	2.88	60	2.76	30	5.57	0	3.22	20	3.14	10	3.15
L1		60	2.88	80	2.76	42	5.78	10	3.15	38	3.13	20	3.14
VI. 27. 12		80	2.88	95	2.78			20	3.13			30	3.14
0	5.85	120	2.90			**L18**		30	3.14	**A10**		40	3.14
10	5.43	150	2.93	**L12**		VI. 26. 10		40	3.15	VI. 25. 8		50	3.14
21	4.22	175	2.97	VI. 26. 17		0	8.00	50	3.16	0	2.84	60	3.14
		219	3.10	0	2.79	10	7.98	60	3.16	10	2.83	80	3.14
L2				10	2.77	20	7.90	80	3.17	20	2.88	100	3.15
VI. 27. 12		**L8**		20	2.76	32	5.92	100	3.19	30	2.97	139	3.15
0	6.67	VI. 26. 22		30	2.76			125	3.30	40	3.08		
12	5.85	0	3.05	40	2.75	**L19**		160	3.45	50	3.28	**K2**	
		10	3.02	50	2.75	VI. 26. 9				60	3.45	VI. 25. 18	
L3		20	3.01	60	2.75	0	9.92	**A6**		80	3.51	0	3.35
VI. 27. 12		30	3.02	74	2.76	10	9.46	VI. 25. 13		100	3.61	10	3.34
0	6.78	40	3.03			18	7.29	0	3.25	150	3.61	20	3.31
10	6.44	50	3.03	**L13**				10	3.21	190	3.63	30	3.31
20	4.64	60	3.04	VI. 26. 15		**A1**		20	3.20			40	3.30
30	4.42	80	3.05	0	2.70	VI. 25. 17		30	3.20	**A11**		50	3.30
48	4.18	100	3.05	10	2.67	0	10.24	40	3.20	VI. 25. 7		60	3.30
		125	3.05	20	2.66	10	6.46	50	3.20	0	2.87	80	3.31
L4		150	3.06	30	2.67	23	5.28	60	3.22	10	2.84	100	3.32
VI. 27. 11		175	3.06	40	2.68			80	3.26	20	2.82	125	3.33
0	6.56	222	3.10	50	2.68	**A2**		108	3.41	30	2.83	150	3.37
10	5.76			66	2.67	VI. 25. 17				40	2.83	172	3.50
20	4.55	**L9**				0	3.61	**A7**		50	2.84		
30	4.04	VI. 26. 20		**L14**		10	3.46	VI. 25. 12		60	2.88	**Bb**	
		0	2.88	VI. 26. 14		20	3.38	0	2.86	80	3.20	VI. 29. 17	
L5		10	2.86	0	2.72	34	3.37	10	2.82	110	3.31	0	9.73
VI. 27. 11		20	2.85	10	2.69			20	2.81			6	8.68
0	4.50	30	2.85	20	2.68	**A3**		30	2.81	**A12**			
10	4.42	40	2.85	30	2.68	VI. 25. 16		40	2.80	VI. 25. 6		**Ba**	
20	4.39	50	2.86	40	2.68	0	3.42	50	2.80	0	3.11	VI. 29. 17	
30	4.35	60	2.87	50	2.68	10	3.38	60	2.80	10	3.00	0	7.70
40	4.24	80	2.88	68	2.68	20	3.37	80	2.80	20	3.00	11	7.57
50	4.14	100	2.90			30	3.39	100	2.86	30	3.12		
60	4.04	125	2.92	**L15**		40	3.43	125	2.91	40	3.19	**B1**	
80	3.95	149	3.08	VI. 26. 13		50	3.48	150	2.95	53	3.29	VI. 29. 17	
95	3.92			0	2.80	60	3.56	175	2.97			0	5.11
		L10		10	2.74	80	3.59	215	3.11	**A13**		10	5.07
L6		VI. 26. 19		20	2.70	96	3.64			VI. 25. 6		20	4.75
VI. 27. 10		0	2.75	30	2.70			**A8**		0	4.57	29	4.36
10	3.05	10	2.73	40	2.69	**A4**		VI. 25. 10		10	4.36		
20	2.99	20	2.73	50	2.69	VI. 25. 15		0	2.99	18	3.94	**B2**	
30	2.98	30	2.74	69	2.70	0	3.18	10	2.95			VI. 29. 16	
40	2.97	40	2.74			10	3.16	20	2.95	**A14**		0	3.93
50	2.96	50	2.74	**L16**		20	3.16	30	2.95	VI. 25. 5		10	3.90
60	2.96	60	2.74	VI. 26. 12		30	3.17	40	2.95	0	3.81	20	3.90

5. DIE BEOBACHTETEN TEMPERATUREN. 1902 UND 1903.

m	t°	m	t°	m	t°	m	t°	m	t°	m	t°	m	t°
30	3.88	0	2.95	**B13**		50	2.95	**C10**		125	4.64	40	5.69
40	3.86	10	2.90	VI. 29. 7		60	2.95	VI. 28. 15		150	4.48	50	4.92
50	3.79	20	2.90	0	8.79	71	2.96	0	4.40	220	4.07	59	4.48
60	3.87	30	2.90	10	4.42			10	4.02	220	4.22		
80	3.79	40	2.90	14	4.34	**C5**		20	3.97	220	4.24	**ca B11**	
104	3.81	50	2.90			VI. 28. 10		38	3.94			X. 10. 16	
		60	2.91	**O1**		0	3.06			**ca L9**		0	4.91
B3		77	2.95	VI. 28. 20		10	3.03	**C11**		X. 11. 9			
VI. 29. 15				0	2.96	20	3.02	VI. 28. 16		0	7.41	**B9**	
0	3.84	**B8**		10	2.94	30	3.02	0	6.44			X. 10. 16	
10	3.80	VI. 29. 10		20	2.94	40	3.02	10	5.82	**L8—B9**		0	7.49
20	3.80	0	2.81	30	2.94	50	3.02	22	4.43	X. 10. 12		10	7.57
30	3.80	10	2.79	40	2.94	68	3.04			0	7.36	25	7.59
40	3.79	20	2.79	50	2.95			**C12**		10	7.45	50	7.58
50	3.79	30	2.77	60	2.95	**C6**		VI. 28. 16		25	7.46	75	7.57
67	3.80	40	2.75	72	2.96	VI. 28. 11		0	6.60	50	7.44	80	7.44
		50	2.74			0	3.55	13	5.13	60	7.39	100	5.72
B4		60	2.74	**O2**		10	3.41			70	5.14		
VI. 29. 14		80	2.74	VI. 28. 19		20	3.40			75	4.37	**C2—B4**	
0	3.34	116	3.00	0	4.33	30	3.40	**1903**		100	4.14	X. 11. 3	
10	3.26			10	4.24	40	3.40					0	6.61
20	3.27	**B9**		20	4.12	50	3.41	X. 11. 14		**L11**			
30	3.28	VI. 29. 9		30	4.03	68	3.43	0	7.23	X. 11. 6		**C7—B9**	
40	3.29	0	2.75	40	3.97					0	5.81	X. 10. 18	
50	3.31	10	2.72	50	3.94			**L5**		5	5.86	0	6.50
60	3.32	20	2.71	60	3.92	**C7**		X. 10. 6		10	5.87		
80	3.32	30	2.70	74	3.94	VI. 28. 12		0	8.63	25	5.86	**C2**	
96	3.35	40	2.74			0	3.92	5	8.84	50	5.83	X. 10. 23	
		50	2.76	**C1**		10	3.92	10	8.83	60	5.28	0	6.83
B5		60	2.80	VI. 28. 6		20	3.90	25	8.79	69	4.67		
VI. 29. 13		80	3.05	0	8.64	30	3.80	50	7.79			**C2**	
0	3.26	99	3.69	11	8.58	40	3.76	60	6.41	**L15**		X. 11. 0	
10	3.21					50	3.76	75	5.80	X. 10. 22		0	6.40
20	3.20	**B10**		**C2**		64	3.76	92	5.29	0	5.49	5	6.63
30	3.20	VI. 29. 8		VI. 28. 7						5	5.76	10	6.65
40	3.21	0	3.35	0	5.41	**C8**		**L5**		10	5.78	14	6.66
50	3.21	10	3.38	10	5.17	VI. 28. 14		X. 11. 13		25	5.80		
60	3.21	20	3.50	20	5.01	0	3.64	0	8.56	50	5.80	**C7**	
73	3.23	30	3.79			10	3.62	0	8.63	70	5.77	X. 10. 19	
		40	3.86	**C3**		20	3.62	25	8.61			0	7.44
B6		50	3.87	VI. 28. 8		30	3.62	25	8.62			5	7.94
VI. 29. 12		60	3.90	0	3.76	40	3.61	50	6.80	**X. 11. 12**		10	7.97
0	3.04			10	3.76	58	3.62	50	6.89	0	7.40	25	7.97
10	2.99	**B11**		20	3.76			80	5.25			40	7.93
20	3.58	VI. 29. 8		30	3.80			80	5.25			50	6.93
30	2.99	0	9.09	40	3.55	**C9**				X. 11. 11		62	5.65
40	2.98	10	4.72			VI. 28. 15		**L8**		0	6.28		
50	2.98	20	3.95	**C4**		0	3.60	X. 10. 8				**Ma**	
60	2.98			VI. 28. 9		10	3.56	0	7.77	**B4**		X. 19. 10	
80	2.96	**B12**		0	3.04	20	3.55	10	7.87	X. 11. 4		0	5.20
101	2.95	VI. 29. 7		10	2.97	30	3.56	25	7.89	0	6.83	5	5.30
		0	8.37	20	2.96	40	3.57	50	7.82	5	6.85	10	5.28
B7		10	4.87	30	2.95	50	3.57	75	7.13	10	6.79	20	5.30
VI. 29. 11		22	4.43	40	2.95	66	3.58	100	6.05	25	6.78	28	5.30

6. Bemerkungen.

Eis:

So 1898 XI. 24.$8^h 25^m$: Lufttemp. —9°, Eisbildung, Eisnadeln und kleine dreieckige Eisstücke. $8^h 50^m$: Die Wasseroberfläche mit dünnem Eishaut bedeckt; Wasser 1 bis 2 cm von der Oberfläche +1.67°. — So 1898. XI. 25.5^h: Seerauch, Lufttemp. —14°.$8^h 30^m$: Lufttemp. —13°. Der Ein 2 cm dick, das Wasser eben darunter +1.28°. Rauhreif. **E von L6** 1900 IV. 25.10^h: Ladoga ganz eisbedeckt. Lufttemp. +1.2°, Eisdicke ca 60 cm. **SE von L7** 1900. IV. 25: Eisdecke ca 45 cm. **L8.** 1900. IV. 24. Das Schnee mit dem Kerneis zusammengefroren, der Kerneis ca 50 cm. **SE von L9.** 1900. IV. 24: Eisdicke ca 40 cm. **L15.** 1900. VI. 7: In der Nähe bedeutende Eismassen. **L16.** 1900. VI. 7: Etwas südlich von der Station hört der Treibeis auf. **L6.** 1902. VI. 2: Ein Eisfeld in der Nähe. **L9.** 1902. VI. 2: Ein Eisfeld in der Nähe. **L10.** 1902. VI. 2: Eisfelder rund herum. **L12.** 1902. VI. 2: Eis machte weitere Fahrt nach Süden unmöglich. **B6** 1902. VI. 2: Am Rande des Eises; grosse Eisfelder in Osten. Die Stationen der Sektion B von **B9** an, konnten 1902. VI. 6 nicht besucht werden, weil grobes Treibeis gegen die ganze Küste von Salmi lag. **B9** und **B10.** 1902. VI. 9: unerreichbar in der Treibeismassen. **B11.** 1902. VI. 8: Der ganze Gegend von Heinäluoto voller zusammengeschobenen Treibeises. **O1.** 1902. VI. 8: Grosse Treibeismassen nach Westen. **O2.** 1902. VI. 8: Treibeis rund herum. **C3.** 1902. VI. 8: Blaueis, in der Nacht entstanden. **C4.** 1902. VI. 8: Noch Blaueis. **C5.** 1902. VI. 8: Ein Treibeisfeld in der Nähe. **C7.** 1902. VI. 8: Grosse Treibeismassen in Norden. **C8.** 1902. VI. 8: Grosse Treibeismassen in Norden bis Nahe der Station.

Sichttiefe:

Y4. 1898. IX. 21. 12^h: 4.5 m. **L8.** 1900. IV. 24: Das Lot in 7 m Tiefe sichtbar.
K2. 1900. VIII. 3.12^h: Sichttiefe 6 m (Porzelanscheibe 22 cm in Durchmesser).
B6. 1900. VIII. 2.17^h: Sichttiefe 5.5 m.